流域思考とは何か

岸 由二

流域思考とは何か

【論考集】

流域思考とは何か　論考集

【目　次】

まえがき

　「流域」という言葉をご存じだろうか。「雨の水を水系にあつめる地形」、あるいは「雨の水をあつめて水系をつくり出す地形」などと定義される、水循環領域の基本概念だが、日本国の学習システムでは、義務教育、高等教育をふくめて、いまだにテーマとされることのない不思議な取り扱いをうけつづけている概念でもある。教養の源泉とも思われている権威ある国語辞典などでも、まったく頓珍漢な定義を与えられ、混乱がつづいているのが現実だ。

　にもかかわらず、実はこの概念、国土防災、強靱化の領域で、いまにわかにキーワードになっているのである。温暖化豪雨時代をむかえて、日本国におけるこれからの治水、水土砂防災は、河川法、下水道法に依拠する従来の治水から、「流域」全体で推進する「流域治水」に転換しなければならない。2020 年、国土交通省がそう発進していることをご存じの方もおられるはずだ。同様な動向は生物多様性保全の領域でも進行中だ。生物多様性保全といえば、「里山」概念や、流域概念をもじったような「森里川海」などという用語に親しんできたみなさんが、最近そんな言葉の登場する場面が減り始めていることに気づいておられるかもしれない。日本国内だけではない。温暖化適応策の領域でも生物多様性保全の領域でも、「流域」への注目は、国際的にも上昇中だ。

　本書は、そんな不思議な国内、国外状況を追跡しつつ、長きにわたって、「流域」概念、あるいは「流域生態系」概念を駆使した市民活動に参加し、同時に、治水・防災、都市計画、自然保護などをテーマとする国や自治体の各種審議会において、一つ覚えのように「流域」、「流域主

義」、そして「流域思考」を喧伝しつづけてきた学識的活動家（？）である著者が、各種の雑誌等に掲載した、流域思考とその応用にかかわるエッセー、論文を、10件に絞ってとりまとめたものである。

　すでに私は、「流域」あるいは「流域思考」を紹介する著書を何冊か上梓してきたのだが、一般読者からの評判を気にするほかない商業的な出版では、ディープな思索の次元、具体的かつ詳細な応用事例など、フランクに記述することはとても難しかった。そんな枠をとりはらって、私の志向する流域思考の神髄を関心のある読者につたえ、歴史の記録にとどめておくには、自由に書くことのできた雑誌等への投稿論文を選んで本の形にしておくしかないと思ってきた。その願いが、今回、かなえられる。

　本書は、あえていえば読者サービスも、出版社への配慮もない。ミッションむき出し、奔放思考のエッセー集である。そんな本が、確信的関係者の枠をこえて、面白そうだと偶然手にしてくださる皆さんに届き、つまみ読みでもしていただいて、「流域思考」のファンがふえてくだされば、著者として無上の喜びというほかないのである。

　　2024 年 4 月

　　　　　　　　　　　　　　　　　　　　　岸　由二

1. 流域思考　生命圏再適応への地図戦略

　200 年以上も拡大をつづけてきた私たちの産業文明は、いのちを支える地球生命圏の限界に、そろそろ本格的に衝突しています。人口と資源、地球温暖化による巨大災害の展望、そして生物多様性の大崩壊。そのような限界を、地球大の規模でも、足もとの地域のレベルでもみんなが意識し、暮らしや産業のあらゆる分野で、生命圏の制約・限界や可能性に丁寧に再適応する暮らしに転じてゆかなければなりません。その課題に取り組む冒頭に、私は地図の問題があると思っています。

　そもそも私たちは、いったいどこで、生命圏の制約・限界や可能性に再適応するのでしょうか。地球生命圏全体を単位として一気に再適応を計画し実行する主体を形成することは不可能です。世界の教育問題を解決しようと志をたてたとしても、実際は世界各地の学校から手をつけなければいけないのと同じように、地球生命圏への再適応も、地域の枠組、地図を設定しなければそもそも仕事になりません。その地図にいま革新的な変化が必要である。その変化を引き起こすには、政治や行政が決める行政地図ではなく、〈流域〉という地形、生態系の区分を頼るのがいいというのが、私の意見、〈流域思考〉の主張です。

生命圏の測り間違いを正す

　私たちの日常地図、行政の計画や施策の地図は、都道府県市町村等々の政治・行政地図。しかし私の意見では、再適応すべき地球生命圏とのやりとりをすすめるうえで、行政地図は最初の一歩から勘違いです。地球生命圏は、それ自体

統合された巨大な自然生態系として、独自のまとまり、独自の構造・配置をもっています。その世界の限界や可能性に再適応するのであれば、その独自のまとまりや構造・配置を尊重して暮らしや産業を工夫するのが当然。たとえば温暖化危機で心配される大洪水に対応するには、行政区画で考えてもどうにもならない。名古屋を水没させかかった 2011 年の台風 15 号の豪雨は、行政区としての名古屋市上空に降り注いだのではありません。名古屋市は庄内川流域の下流に位置しています。流域の上流は岐阜県に広がっていて、そこに降った豪雨が、行政区など無視して自然地形の都合のままに、名古屋市を水没させかかったというのが真実ですね。豪雨時代、名古屋を水害からまもるのなら、名古屋市・愛知県で考えるのではなく、岐阜県にも広がる庄内川流域で考えなければなりません。

　生物多様性の保全も、いまは行政区を枠組として里山というような単位で保全することが流行（はや）っていますが、これもこまったもの。そもそも生物多様性（biodiversity）保全は生態系そのものの多様性の保全が課題です。生態系は、山岳とか、丘陵とか、流域とか、行政区画とは関係のない地形のまとまりを重視して考えなければ地球の都合にそった保全になるはずがありません。行政区を前提とし、その中で自然密度の高い拠点ばかりに注目する要素論的なアプローチは、もうまもなく限界に突き当たるほかなしと私は思うのです。

　では、生命圏という巨大生態系を、その構造やまとまりを尊重して区分し、地域的な暮らしや産業の展開にとってあつかいやすい地図にするには、どんな地形・生態系を頼るのがいいのか。なんであれ地形・生態系の配置であれば適切という一般論では指針にならない。一般論ではなく、個別に応用しやすくかつ一般性を喪失しにくい単位・地図を選ぶというほかに、選択はないはずなのです。

　流域思考は、流域という個別地形、しかし普遍性の高い地形・地図を枠組として、そんな注文に答えることができるはずの対応法です。流域思考の地図は、生命圏をなんでもかんでも行政地図に分割し処理しようとするわが文明の根本的なとんちんかんを正し、たとえ万能の普遍性はなくても、十分に普遍性をもって生命圏の限界や可能性、生命圏の都合を尊重してゆける、地球環境危機時代の暮らしや産業の基本地図（もちろん行政地図も駆使するのですから、もう一つの地図、といってもいい）になると、私は考えているのです。

流域地図は入れ子構造がおもしろい

　流域は、雨が川に集まる大地の領域、と定義される地形です。そう定義された流域は、雨の行方を左右にわける分水界という大地の出っ張りに囲まれた、窪地の形になるはずです。海に注ぐ河川を単位として流域をきめれば、その窪地がまるでジグソーパズルのピースのように連接して、雨降る大地を区分していることがわかるでしょう。雨の降らない砂漠や氷原を除くと、地表はどこも流域という大地の単位に分割できる。流域という窪地の組み合わせでできている。それが、私たちの足もとに現れ出でる、〈共存すべき生命圏〉の具体的な姿、です。

　しかも流域という地形は、水のあつまる範囲を水系の任意の場所で区切って定義すると、大小の入れ子構造に分割できます。これを使えば、日本列島の本州を、都府県、市町村、さらには街区にわけて行政的に取り扱えるのと同じように、利根川流域、北上川流域、多摩川流域、鶴見川流域などにわけ、さらに

1	天塩川	24	最上川	44	梯川	61	大和川
2	渚滑川	25	赤川	45	狩野川	62	円山川
3	湧別川	26	久慈川	46	富士川	63	加古川
4	常呂川	27	那珂川	47	安倍川	64	揖保川
5	網走川	28	利根川	48	大井川	65	紀の川
6	留萌川	29	荒川	49	菊川	66	新宮川
7	石狩川	30	多摩川	50	天竜川	67	九頭竜川
8	尻別川	31	鶴見川	51	豊川	68	北川
9	後志利別川	32	相模川	52	矢作川	69	千代川
10	鵡川	33	荒川	53	庄内川	70	天神川
11	沙流川	34	阿賀野川	54	木曽川	71	日野川
12	釧路川	35	信濃川	55	鈴鹿川	72	斐伊川
13	十勝川	36	関川	56	雲出川	73	江の川
14	岩木川	37	姫川	57	櫛田川	74	高津川
15	高瀬川	38	黒部川	58	宮川	75	吉井川
16	馬淵川	39	常願寺川	59	由良川		
17	北上川	40	神通川	60	淀川		
18	鳴瀬川	41	庄川				
19	名取川	42	小矢部川				
20	阿武隈川	43	手取川				
21	米代川						
22	雄物川						
23	子吉川						

76	旭川	92	筑後川
77	高梁川	93	矢部川
78	芦田川	94	松浦川
79	太田川	95	六角川
80	小瀬川	96	嘉瀬川
81	佐波川	97	本明川
82	吉野川	98	菊池川
83	那賀川	99	白川
84	土器川	100	緑川
85	重信川	101	球磨川
86	肱川	102	大分川
87	物部川	103	大野川
88	仁淀川	104	番匠川
89	渡川	105	五ヶ瀬川
90	遠賀川	106	小丸川
91	山国川	107	大淀川
		108	川内川
		109	肝属川

一級水系流域区分図。ここに示したのは国土交通省が管理する全国109の一級水系のみだが、これ以外の水系も加えると、雨降る大地ごとに日本列島をほぼ区分けできる。

それぞれの流域の入れ子の小流域にわけて大地を扱うことができるのです。

　ちなみに私の仕事場である慶應義塾大学日吉キャンパス（2013年に定年退職）には、まむし谷という緑地があり、その一部の〈一の谷〉で雑木林の再生作業がすすんでいます。これを紹介するのに通常の行政地図なら、「神奈川県横浜市港北区日吉4-1-1 慶應義塾大学日吉キャンパス一の谷」というほかないのですが、流域思考の入れ子流域方式を応用すれば、「日本列島・本州島・関東平野・多摩三浦丘陵群・鶴見川流域・矢上川支流流域・松野川支支流流域・まむし谷・一の谷」というような不思議な住所で、厳密に特定できる。ここに登場するのは自然が形成する大地の凸凹秩序だけ。アマゾン流域、ミシシッピ流域など、広大でだれも一括しては扱えませんが、足もとの適切規模の流域に絞り込み、その地域の自然の制約や可能性への再適応をテーマとして連携していけば、共存すべき生命圏は、はるかに適切に、日常的に扱っていけるはず。都市の流域であれ、大自然の流域であれ、基本は同じと考えます。

　というわけで、水災害対応も生物多様性対応も、まずは〈流域地図〉で対応してゆく。ややこしい議論を抜きにいうなら、〈大地や、水循環や、生物多様性にからんでしまう諸課題は、なんでも流域で考え、工夫してみる〉。そんなアプローチを流域思考と呼んでおくというので結構です。

鶴見川流域図。流域の外形はマレーバクの形に似ている。筆者が活動している鶴見川流域ネットワーキングから生まれた「鶴見川流域はバクの形」という合言葉と流域図は、流域内の市民団体や行政、企業にも共有されはじめている。

日常地図には文明的な根拠あり

　地図の転換という根本課題に関して、すこし、敷衍（ふえん）しておきたいと思います。私の意見では、地図は、個人、地域、社会等に独特であると同時に、たぶん文明ごとに独特です。採集狩猟文明の暮らしの地図、農業文明の暮らしの地図、産業文明の暮らしの地図、そして IT の駆使される IT 型産業文明の暮らしの地図は、それぞれに独自な特性をもっているように思われます。

　いうまでもなく採集狩猟文明は、大地の自然ランドスケープ以外に地図の作りようがありません。入れ子構造の流域というような明確な大地の把握は近代科学を前提としたものかもしれませんが、採集狩猟文明の日常地図が、流域思考の地図に極めて親和的であることは、疑う余地がありません。

　採集狩猟に続いた農業文明以降の暮らしは、土地の所有と権力のあり方が日々の暮らしの大テーマになったはず。政治的に区画された行政地図、その抽象形ともいえるデカルト座標の世界に整理されてきたのは、当然といえば当然のこと。律令制の方形区画地図は、まさしく農業文明の産物なのだと思うのです。動力を駆使して大量生産をおこない、多様な輸送手段によってそれを世界大に売りさばく産業文明、都市文明は、農業文明の行政権力的な地図をひきつぎつつ、交通・輸送の地図にますます大きな注目があつまっています。さらに、パソコンの前に座れば必要物資も通販で調達できて当たり前という IT 産業文明の時代、地図は、現実の行政界も交通路も薄れ、ウェブ上の文字通り抽象図になってしまう可能さえ十分にあると思っています。

　しかしここに、地球環境危機あり。文明の都合がどんなに大地の構造を無視・軽視してみても、洪水も、渇水も、津波も、生物多様性の大破壊も、抽象地図のもとでおこるのではなく、地球の歴史が大地に刻んだ生命圏の構造のもとで生起してしまう。1992 年の地球サミット以降、私たちの産業文明はその現実に、ますます重く直面している。それが地球環境問題の本質でしょう。生命圏全体の危機に広がってゆくであろう温暖化、生物多様性の危機に私たちの都市文明が対応してゆくために、それも日々の暮らしの足もとを重視して対応してゆくには、私たちの文明は、生命圏それじたいの制約や可能性を生命圏の都合にあわせて表現できる大地の地図を回復してゆかなければならない。

えんえん１万年も測り間違えてきた生命圏を、足元の流域から正しく測りな
おしてゆく流域思考の地図戦略は、産業文明をこえる未来の環境文明の地図そ
のものとなってゆく。流域という枠組を重視して、水災害にも生物多様性保全
にも配慮する都市の暮らしを機能的に工夫しつつ、生きものの賑わう流域大地
の凸凹を日々の暮らしの共通地図として地域の文化に刻んでゆけるような流域
文化をそだててゆくこと。その方向にこそ、地球環境危機に突入してしまった
わが文明の生命圏再適応への最後の希望があるのだと、私は確信しています。
私の暮らしの足もとは、都市河川鶴見川流域。その流域での TR ネットの 20
年の実践もぜひご参照ください（http://www.tr-net.gr.jp/）。

【参考文献】

岸由二『自然へのまなざし』（紀伊國屋書店、1996 年）
石川幹子・吉川勝秀・岸由二編『流域圏プランニングの時代〜自然共生型流域圏・都市
　の再生』（技報堂出版、2003 年）
養老孟司・岸由二『環境を知るとはどういうことか〜流域思考のすすめ』（PHP 研究所、
　2009 年）
D・ソベル『足元の自然からはじめよう』（岸由二訳、日経 BP 社、2010 年）

初出：童夢 FRONT MOOK 編集部／編集・制作『知水読本　川を知り、川と暮らすために』
FRONT MOOK mini、財団法人リバーフロント整備センター、2012 年、pp.79-84

2. ランドスケープをベースにした 流域単位のまちづくりへ Interview

——自然と共存できる都市をどう実現するか

　水辺の生きものが好きで、本来はハゼやカニなどの生態・習性研究や、進化論がらみの研究をしていましたが、ここ10年ほどは流域をベースにした市民活動（鶴見川流域ネットワーキング：TRネット）に入れ込んでいて、思索も体も流域に没頭しています。

　学生時代から都市の計画に関心がありました。都市の保全計画のようなものに関与したいと思っていました。鶴見川河口の下町で育ち、過密都市から暮らしのやすらぎを支える自然地域が消えていくと、町や子供の世界はどうなるか、体で理解していると思っています。生まれ、育ち、生きてよかったとみんなが思うような都市をつくりたいという思いが、自然と共存できる都市をどう実現するかという課題とセットで、心を占めてきたような気がします。都市の問題として自然の保護を考える。ずっとそんな暮らしをしてきました。大学3年の

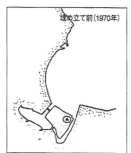

横浜市金沢地先埋立計画　出典：『ナチュラリスト入門／春』岩波ブックレット

年に、横浜市の六大事業の一つの金沢地先埋立計画の見直しがあり、すでに埋立は始まっていましたが、せめて縮小できないかと、ビラや文書を作り、一人で活動を始めました。1968年の秋のことです。卒業後は大学院へ進み、自然保護団体のメンバーとして地元の埋立反対運動の事務局に参加しました。足掛け6年の活動でしたが、結局見直しはかなわず。そのとき、都市計画を巡る、利害や政治や市民文化のリアルな姿を見たと思います。政治団体の引き回しを脱せなかった反対運動にも深い失望がありました。

　自然と共存する海岸をつくろうと、文書や集会で、あれだけ熱をこめて語ったはずなのに、埋立が決まってしまったら、海岸に出て遊ぶ人も、イベントをやる人もいなくなった。住民集会に何百人と集まった「住民」を促したものは、一体何だったのだろうか。大きな不思議でした。

── 谷に通い続けて、「いいところだ、いいところだ」と宣伝する

　それからしばらくは研究者稼業に励みましたが、7年ほどして、今度は三浦半島の小網代という谷がゴルフ場で消えるという話が出てきて、相談を受けたわけです。もう市民活動を生きるエネルギーもないなと思いながら現場に行きました。そこは、高校生の頃自転車で何度か出かけた城ヶ島ツーリングの休憩地から見下ろしたはずの谷だったのです。こんな絶景地をゴルフ場にしたら、将来、三浦市だって困るだろうなと思いました。そこで、その谷をまるごと残す運動、引き受けますということになってしまった。

三浦半島の小網代の位置

　運動といっても金沢で懲りたような政治的な運動はしない。ひたすら谷に通い続けて「いいところだ、いいところだ」と宣伝する。雨が降っても風が吹いても谷で遊び、働く小網代仲間を、一人一人増やしていく。ただそれだけをやって、本（『いのちあつまれ小網代』、木魂社）をつくりました。そのうち新聞やテレビが来てくれるようになった。たくさんの応援団が育つ実感がありました。1984年から活動を始めて11年目の95年、当時の長洲県

知事が、谷は保全したいと表明して、97 年、保全の方針が確定しました。谷に
愛着を持ち、この谷でいわば擬似的な暮らしをするような人々の集団を育てて、
その人たちの多様な活動で、自然のお世話をし続けながら、谷のすばらしさや
おもしろさをひたすら伝えるというやり方の力を体感したように思います。

　子供時代は、横浜の鶴見川の河口近くの町で育ちました。遊びに行くのはひ
たすら川。河口の泥地でカニをとったり、魚釣りをしたり、河口から 9 キロぐ
らい上った秘密の釣り場でウグイやタナゴを釣ることもありました。川から
ちょっと外れて、丘陵地に入り、谷戸や池をめぐっても、おもしろいことがいっ
ぱいある。小学校 4 年から中学 2 年ぐらいまでの 4 〜 5 年間は、谷戸巡り、丘
巡り、川巡りで遊び過ごし、とにかく水辺ばかり徘徊する少年だった。その後
は金沢八景など、海に出かける機会が多くなって、川や谷戸から少し距離がで
きていましたが、30 歳も過ぎて小網代を訪ねた日々に、自分の体が世界の何
になじむのか、判然と理解してしまった感じでした。

　小網代は、源流から河口まで、川に沿って 1.2 キロ、100 ヘクタールぐらい
の小さな谷です。台地の縁から見下ろすと、谷の模様が文字通り手に取るよう
に見えてしまう。その谷は、1 時間も下れば楽に海辺にたどりつく。逆に海か
ら上がってくると、河口の湿原から中流の谷底、そして源流の森まで、谷の模
様が鮮やかに見える。地べたはでこぼこ、源流から海まで、生きもののにぎわ
いがこぼれる谷に水が流れている。ランドスケープの快楽、流域の快感とでも
いうか、どうしてこんなに気持ちのよい空間があるのかと。それが私の、いわ
ば存在論的な流域発見だったのです。

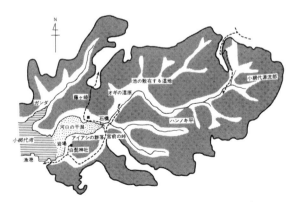

小網代の谷と河口の干潟　出典：『ナチュラリスト入門／夏』岩波ブックレット

——流域という場で地べたを大切にする市民活動

　大学院の頃、流域生態系の分析事例として有名な、アメリカのハバードブルック集水域の研究を翻訳したことがあります。小流域のいくつかをターゲットにして、ここは森を伐開して材は撤去してしまう、ここは森を伐開して材は放置しておく、ここは何もしないなどと仕分けして、出てくる水量や物質の分析を行い、流域管理の基本をまとめたものでした。当時は「流域」という言葉が馴染まなくて、watershed に「集水域」という訳語を使いましたが、流域分析というのはおもしろいと思ったわけです。流域という枠組みで、地べたを大切にする市民活動ができるという直感は、ずっとあとに小網代で会得したものですが、前提には、昔訳した論文の影響もどこかにあったのかもしれないと思っています。

　小網代の保全活動を始めて 2 年目の 1985 年に、事情があって鶴見川の河口から源流へ引越しました。引越の挨拶に水系地図を刷り込み、まもなく流域活動を始めると決めたうえでの引越でした。越してから 3 年、とにかく歩きました。鶴見川の源流の 1000 ヘクタールぐらいは、まだオオタカやキツネやムササビが暮らす森があるのですが、子供を連れて、イタチのように歩き回った。勤務先は鶴見川下流の日吉、実家は河口の横浜市鶴見区というわけで、通勤途中の寄り道もあり、鶴見川の源流と河口と間の川筋が、いやでも体にしみてきた。

　そんな状況を待って、流域活動を始めました。住まいのある団地で、まずは「鶴見川源流自然の会」を 88 年の夏に立ち上げて、流域歩きを始めました。や

	救出した数 1月19日 29日	戻した数 3月15日 26日
ア ブ ラ ハ ヤ	105	70
ド ジ ョ ウ	78	33
シ マ ド ジ ョ ウ	103	40
ホ ト ケ ド ジ ョ ウ	14	14
カ マ ツ カ	3	3
モ ッ ゴ	3	0
フ ナ	19	14
	325	174

鶴見川源流アブラハヤ救出作戦（1989 年）

や遅れて「町田の自然を考える市民の会」という町田ベースのもうちょっと大きな団体もできて、両方代表を引き受けた。私の、自覚的な流域活動のスタートでした。

　活動を始めてすぐ、鶴見川の源流の泉で大きなトラブルがありました。鶴見川の水源の泉が公共工事に関連して枯れてしまったのです。と

ころが地元の人たちがなぜか泉や川を大事にしてくれない。泉を見捨てて、慣行水利権を理由に補償云々などというううわさも流れ、仰天したのを覚えています。私たちは、交流の始まっていた流域仲間に声をかけ、源流の泉を守る活動に加担してくれと頼むことになりました。これもまた政治宣伝や集会ではなくて、干乾びた川からハヤを救い出して、知り合いの農家の泉に避難させる、そういうことを黙々とやった。見かねたのか、地元の一人の地主さんからの支援も始まり、まもなく町田市が泉の土地を買い上げ、保全してくれました。

　この成果を基礎に、上流から下流まで、鶴見川水系のナチュラリストネットワークをつくりだしました。その年は中流の横浜市港北区から、『生きている鶴見川』という素晴らしい冊子が出版され、関係者とのお付き合いも始まりました。私はその秋から、『ナチュラリスト入門』という岩波ブックレットを数人で共同してつくり始めていたのですが、その第1冊目に、泉保全の顛末を書きました。いま鶴見川の流域活動の現場では、「鶴見川流域は、ななめ左うしろからみたマレーバクの形」というのが、共通コピーになっているのですが、流域をバクに見立てる基本地図は、89年の岩波の冊子で紹介されたものでした。

　そんな冊子や報道が縁つなぎになったのでしょう。しばらくして、「よこはまかわを考える会」に招待され、源流保全や流域ネットワークの話をする機会がありました。「どうせやるならナチュラリストだけでなく、まちづくり派や流域行政とも連携した活動をしよう」という誘いが横浜方面から再提示されたのは、91年春のことでした。しかし肝心のナチュラリストのネットワークは、その提案を受け、賛成、反対にわれてしまいました。まちづくり派と組むのを躊躇する気風が、自然派にまだ強く残っていた時代でした。私を含む一部の流域派は、やむなく、ナチュラリストのネットワークを別に維持したまま、流域ベースの新しい枠組みづくりに参加することになったのです。そんな経緯で、91年、「鶴見川流域ネットワーキング（TRネット）」がスタートしました。源流域の広域保全を目指す町田グループは、東京部分のコアとして、流域ネットワークを支えることになりました。

　実は、その前後から私は、小網代、金沢、鶴見川流域を載せて関東山地と太平洋をつなぐ首都圏中央の丘陵ベルト、多摩三浦丘陵群を、首都圏のグリーンベルトとして認知させたいという思いが強くなっていました。そんな思いを形

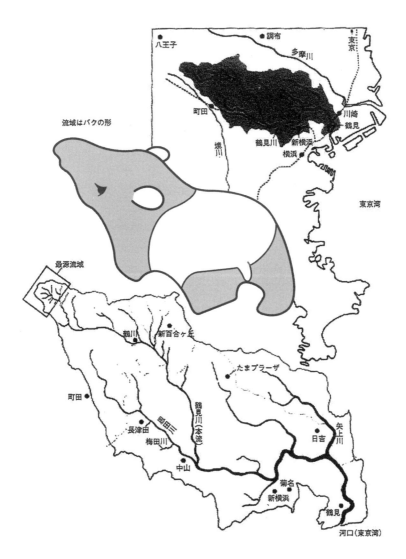

流域はバクの形

最源流域

鶴見川の水系　出典：『ナチュラリスト入門／秋』岩波ブックレット

にしようと、87年の秋、相原から小網代まで、有志で週1回、10キロぐらいずつ歩いてつなぐイベントも実行していたのです。1958年の第一次首都圏整備計画で、国は壮大なグリーンベルト計画をつくりましたが、実現せず、わが首都圏はグリーンベルトもない巨大市街地になってしまいました。その後、そんな歴史も知り、首都圏のグリーンベルトは、多摩三浦丘陵で工夫されていたらきっと実現していただろうと、多摩三浦丘陵群への期待は、さらに深くなっていきます。こちらの動きは、多摩三浦丘陵を「いるかの形」に見立てて連携する、「いるか丘陵ネットワーク」（1995〜）につながっています。小網代の世話をし、鶴見川の流域も歩き回り、グリーンベルト論議もすすめ……。でも自分では、全部ひとつの仕事と感じています。

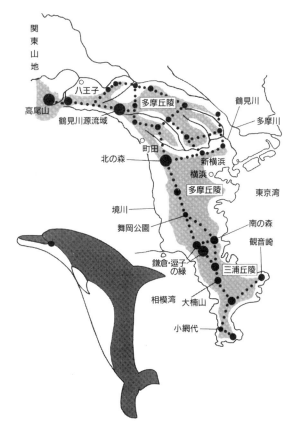

ランドスケープを生き物の姿にイメージする　出典：『自然へのまなざし』紀伊國屋書店

——小網代はアカテガニに流域を助けてもらった

　小網代の保全活動ではアカテガニが有名になりました。アカテガニといわば戦略的に連携したのです。欧米の自然保護活動に、アンブレラ・スピーシーズ（雨傘種）という概念があります。保全をアピールしたい場所に一番深く広く依存する、印象的な生きものに登場してもらい、「その生きものがおもしろい、その生きものの暮らしを理解しましょう」とアピールして、地域のランドスケープの配置や、生態系の構造や価値をわかってもらう。その生きものの暮らしの拡がる地域を総合的に保全すれば、その「雨傘」の下で他の生物多様性も保全されるという考え方です。期せずして、私たちは、同じ手法を使っていました。金沢の保全活動の頃は、ハゼたちと組んでいました。小網代ではアカテガニに流域を助けてもらった。アカテガニは山で暮らし、お産をするために海へ行って、子供は湾で育って、また山へ帰っていく。そんなアカテガニをみんながおもしろいと思ってくれればなによりです。小網代の森と干潟と海は、アカテガニの暮らしをにぎやかに支えるために、「どれも欠けてはいけない、セットで守らなければいけない」という宣伝ができるのではと思って始めました。小網代は森と干潟と海。それはアカテガニの世界、という把握です。当時の自然保護は、まだまだ貴重種中心のアプローチが目立ち、流域を中心としたランドスケープそのものを保全のターゲットにしようというような、小網代のような動きは、稀だったと思います。そんな状況の中でアカテガニは、流域と海をセットで保全対象とすべしという流域主義のビジョンを見事に支えてくれました。91年、最初に長洲県知事に会ったとき、知事は、「小網代は森と干潟と海が一体の場所だということがよく理解できました」とおっしゃった。守れるかもしれないと、そのとき思いました。

——なぜ流域にこんなにこだわるのか

　しかし、なぜ流域にこんなにこだわるのか。自然のランドスケープが大事と思うからです。大げさにいうと、地球環境危機の文化的な深層と向き合っているという自覚がある。地球環境危機を日々深化させている私たちは、幾何学的で抽象的な、デカルトの空間みたいな領域に暮らす感覚になってしまっている。

山野河海の配置がつくり上げる地球制約の中に暮らしているという暮らしの感覚を、まるでつくれない状況に晒されていると思うのです。ここが、地球環境危機の一番深い危機であると私は思っています。地球の中に暮らしているという感覚をつくれなければ、地球の資源や自然制約の中で充足して生きていくという暮らしや文化は、そもそもつくりようがない。私なりの、そんな哲学的な見極めがあり、限りある地球の広がりの中に安らかに暮らすことを良しとする感覚を、私たちはどうしたら育てることができるのか、ずっと考えてきました。例えば、首都圏の行政域に暮らしているという抽象的な感覚ではなくて、関東平野を構成する海や山や川という「大地のでこぼこ」の「中に暮らす」というリアルな感覚を、私は育てたいのです。そんな暮らしの感覚、「住み場所のセンス」のようなものを育てるための基本単位として思いつくのが、「流域」という自然のランドスケープです。

　日本列島は、幸いにも地べたの表面配置のほとんどを流域で区分していくことができます。流域というのは基本的には雨水を集める窪地で、源流があって、水系があって、河口があって、具体的な形は多様でも基本は同じ。流域は日本列島というランドスケープの基本単位、大地の単位領域です。そのすべての流域で、流域の基本構造や、水循環の健全さや、生物多様性の配置を保全・回復し、自然のにぎわいと共存する地域文化が工夫できれば、それぞれに個性を活かしつつ、地球環境危機を克服する地域生態文化のネットワークを育てていくことができる。そんな思いがあります。

——川は環境革命のパートナー

　流域という大地の中に住まうという感覚を尊重して、水循環、自然、ランドスケープと共存できる都市の暮らしをつくっていく。そういう流域文化のようなものをつくることが私の期待するTRネット活動の究極の仕事です。

　川のどこがどう守れるか、そんなノウハウもTRネットは蓄積していますが、究極の目標は流域ランドスケープと共存できる自己抑制的な、持続可能な都市文化はどうしたらつくれるか、そういう課題に答えていくことだと思っています。私にとって流域というのは、いってしまえば、地球ランドスケープのミニチュアです。流域は列島であり、列島は流域であり、流域は地球であり、地球

は流域なのです。足もとのあらゆる流域に、流域ランドスケープに対応した、自然と共存する都市の文化が育っていけば、それが列島の、そして地球の環境危機を克服していく、新しい文明の基盤を用意していくのに違いないと思うのです。

　例えば鶴見川の近隣には、帷子川や、大岡川や、境川や、多摩川南岸の支流群など、たくさんの川があり、それらの流域をつなげてみれば、関東山地と太平洋をつなぐ、多摩三浦丘陵群の大きなランドスケープにもなる。その丘陵域の主要な流域群に、自然と共存する流域文化が育っていけば、実はそれが、多摩三浦丘陵で自然と共存する丘陵文化をつくることと同じであり、そういうものがさらに大きく組み合わされば、自然と共存する日本列島の文化をつくることになるはずです。さらにそういうものが組み合わさると、地球の上に自然と共存する地球人の文化ができていく。そんな素朴なビジョンが、私のセンスの底に張り付いている感じがする。地球人は、抽象的には存在しない。そうではなくて、この流域で、愛と活動を通して、自然と共存する持続可能な暮らしを目指す、そのような志向のある市民、流域人が、実は地球人なのだと思います。そういうビジョンや思考は、いまの私の場合、いつも「流域」からスタートするので、ふだん見る川や水だけの議論にはなりません。川は、流域という地べたを、みんなに親しいものにするための活動のパートナー。足元の地球のランドスケープを確認する一番よい手がかり、支援者が川である。川を信頼し、川に沿って歩くという決意をすれば、流域という形で足元の地球が開かれてしまう。そのような川は、管理ばかりの対象ではなく、守るばかりの対象でもなく、私たちの環境革命のパートナーとでもいうほかないのです。

——川を頼りに流域の入れ子パターンで、自然の住所の感覚を育てていく

　流域ランドスケープを枠組みとして、自然と共存する都市の文化を工夫するという方向に関連して、ここ数年、私によく飲み込めてきたことがあります。

　流域というのは入れ子構造、つまり、水系全体の全体流域に対して、サブ・ウォーターシェド（亜流域／小流域）が入れ子になるという単純な事実です。鶴見川流域の中には複数の支流があり、それぞれの支流にさらに細流があり、さらにその細流に、もっと小さな流れがあり、それらがすべてそれぞれに対応

する流域を張り、流域の入れ子構造をつくっています。これは、大変おもしろい。行政区画の住所の入れ子配置と同型なのです。

　たとえば私の職場は、鶴見川流域の中の、矢上川という支流の流域、そのまた支川の小川がつくった「まむし谷」と呼ばれる谷の、西の肩に位置しています。そこを通常の住所でいえば、横浜市港北区日吉慶應義塾大学第 2 校舎 301 号室となるのですが、流域の入れ子構造を使って自然ランドスケープの住所でいえば、「多摩三浦丘陵群、鶴見川流域、矢上川支流流域、まむし谷小流域、西肩、慶應義塾大学第 2 校舎、301 号室」ということになる。通常の行政的な住所、あるいは人工の地図に対して、流域の構造を応用する後者の住所あるいは地図を、仮に自然の住所、自然の地図とでもいえば、実は、自然の住所、自然の地図の感覚をそれぞれの地域・流域に育てることこそ、自然と共存する都市、あるいは地域の文化を工夫する基本ということではないかと思えてきます。全体流域のレベルだけでも、もちろん、住所の感覚を地球向きに転換させる力がある。「リバーネーム」とふざけていうのですが、流域住所をミドルネームのように意識して、あなたのリバーネームは多摩川、私のリバーネームは鶴見川、などと会話にのせる。引越とともにたくさん並べば、迫力があるかもしれない。川仲間の集まりに、新しい余興ができるかもしれません。

　少し本質的なことを冷静にいえば、人工の住所感覚だけを基盤として地域文化を育て、都市計画をする今の私たちの暮らし方に対して、ランドスケープの地図、自然の地図をベースにした住所感覚で都市計画や環境管理をすすめ、地域文化を工夫するやり方を対置して、両輪にしなければいけないのだと思っています。川を頼りに、流域の入れ子パターンで地図をつくり、自然の住所の感覚を育てていくのは、そんなビジョンの具体化です。

　ところで、流域ベースで環境管理や地域文化を問題にする動きは、アメリカと日本とほとんど同時進行で動いているように思いますが、アメリカの場合には、流域広報の主力は、どうやら EPA（Environmental Protection Agency）なんですね。日本の環境省に相当するところですが、その EPA が、インターネットに Surf Your Watershed というおもしろいホームページを持っています。そこに行くと Watershedaddress というのがあって、アメリカ合衆国が膨大な数の亜流域に分割された地図がボーンと出てくる。任意の亜流域をクリックすると流域地図が拡大されて出てきて、その流域におけるパートナーシップの事例とか、

環境問題の状況とか、EPA の関与しているプログラムが出る。まだデータの内容は充実していないようですが、枠組みはとってもおもしろい。日本でも、市民活動や国あるいは地方の河川部局が、同じような試みをどんどん始めてみればよいと思います。

——流域ベースの都市計画を

80 年代の末あたりから、私は自宅のある東京都町田市の都市計画や緑の基本計画、あるいは東京の保全地域指定委員会などに関わる機会がありました。そのたびに強く感じたことは、従来の都市計画からものを考えている人たちは、地べたを行政地図でしか考えなくて、ランドスケープマップを使わないということです。場合によっては川そのものさえ描かれていない。川に関しては、河川法に基づく川の計画と都市計画に基づく都市計画は別ものだということで、話題にもしない傾向もあったのではないか。もちろん、植生マップは全国どこの都市計画でもベースにするのでしょうが、それだけではどうにもならない。畑か、田んぼか、森か。森の場合はスギ林か、落葉樹の林か、常緑樹の林かと区別して、雑木林だったらどうでもいいと。そんな話にもなってしまう。ランドスケープなしに都市計画をするのは、もうナンセンスだとはっきり自覚したいものです。

町田の「まちだエコプラン」では、基本地図を流域ベースでつくり、亜流域ごとに自然の評価をして、それと都市計画マスタープランをすり合わせて、重要な保全対象地域や河川環境軸を拾ってもらった。東京の場合も、保全地域指定に関する委員会で、武蔵野台地以外の丘陵地域と関東山地地域は全部亜流域

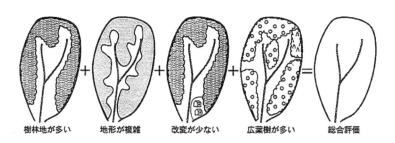

| 樹林地が多い | 地形が複雑 | 改変が少ない | 広葉樹が多い | 総合評価 |

右図の小流域評価をするための生態系の豊かさの指数

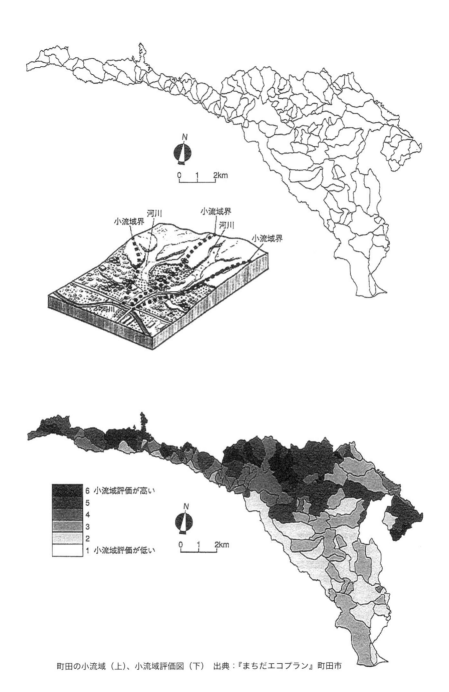

町田の小流域（上）、小流域評価図（下）　出典：『まちだエコプラン』町田市

分析をしてもらって、流域ごとに植生の評価や水分の保持能力等を数値化して評価を加え、それを基に、どの地域でどういう保全策を立てるべきかまとめてもらいました。少しラジカルだったのか、残念ながら計画はやや宙に浮いているとも聞いています。でも、新しい時代を開いたことは、確かでしょうね。

　都市計画をランドスケープベースに切り替えていくポイントはもちろん流域。流域でやっていくしかないと思います。ところが通常の都市計画者は、頭がデカルト空間というか、抽象空間しか認めない傾向がとても強い。河川管理者が、都市計画の中に河川を安易に位置づけられてしまうのを回避してきたようにも見えるのは、日本の都市計画の歴史からいえば、案外正解かもしれないと思うこともあります。都市計画の形式的なくくりは、全総（全国総合開発計画）だとすると、一全総から五全総まで、ランドスケープベースの計画が明確な実効性を持って入ったことはないのではないか。三全総で「流域圏」の見事なビジョンが登場しましたが、四全総ではいったん消えてしまい、国土管理の地域的な枠組みとして実効性を帯びたのは、今回の五全総。全総を見るかぎり、拠点をつくって、ベルトにして、広げて、建てて、つないで、ちょうど建物を建てるような感覚できたと、計画に参加した職員から聞いたことがあります。21世紀、首都圏整備計画ぐらいは、もうそろそろランドスケープに大きく配慮したやり方に転換しないといけないでしょう。試金石は手前味噌ではありますが、首都圏グリーンベルトでしょうね。

——日本列島の都市計画は地球を正直に反映した計画に

　第一次首都圏整備計画（1958年）のときのグリーンベルト計画の失敗は、ランドスケープを意識していなかったのが最大の要因ではなかったかと、私は思っています。

　第一次首都圏整備計画におけるグリーンベルト構想は、東京、神奈川を中心とした臨海部の市街地を、江戸川下流あたりから多摩丘陵を経て三浦半島の付け根まで、広いところは幅10キロぐらいの近郊地帯（グリーンベルト）で囲み、その外側に衛星都市群を配置する壮大な計画でした。ハワードの田園都市構想の抽象的なモデルをそのままポーンと日本国首都圏に張り付けた感じのその計画は、計画地域のランドスケープの異質性を、端から無視していたような印象

があります。グリーンベルトの予定域は、多摩・三浦丘陵群と、武蔵野台地と、荒川低地のまったく異質な領域をひとつにつないだものでした。

　1958年当時、多摩・三浦丘陵群はただひたすらの山林農地地域であり、そのままグリーンベルトという場所でした。しかし武蔵野台地や荒川低地の部分は平坦地。市街化を期待する農家が納得するはずがありませんでした。首都圏グリーンベルト構想は、農民と労働運動に粉砕されたのだという話を聞いたことがあります。あのとき、ランドスケープを一番に尊重して、三浦半島から町田・八王子に至る多摩・三浦丘陵群そのものをグリーンベルトに指定していれば、きっと成功していたと思うのです。

　今からだって遅くはない。多摩・三浦丘陵群は、関東山地の東端の町田市大池沢から、鶴見川源流域の大緑地帯を経て、横浜、鎌倉、横須賀、そして三浦半島先端の城ヶ島まで、まだまだ緑の拠点の散在する大きな緑の回廊です。ここに水辺と緑の拠点をネットワークした、新しい首都圏グリーンベルトをしっかり構想していける。多摩・三浦丘陵群は、その面積の3割を占める鶴見川流域を中心として、もちろんたくさんの都市河川流域の連合領域です。そんな流域に、流域ベースの環境保全、まちづくり連携の市民、行政ネットワークが広がり、川から、水系から、流域から、多摩・三浦丘陵群を首都圏の21世紀グリーンベルトに育てていくような展開があってもよいと思っています。それが、いるか丘陵ネットワークの夢です。

　首都圏計画を、思い切ってランドスケープベースにする。そんな大転換が決

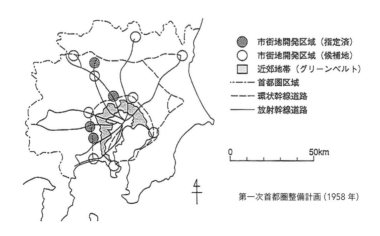

市街地開発区域（指定済）
市街地開発区域（候補地）
近郊地帯（グリーンベルト）
首都圏区域
環状幹線道路
放射幹線道路

0　　　　　50km

第一次首都圏整備計画（1958年）

意されれば、不可能なはずはないビジョンでしょう。首都圏整備計画がランドスケープベースになれば、全総（もしあれば）もランドスケープベースの方向に誘導される。日本列島の都市計画、国土利用計画が、初めて地球を正直に反映した計画になっていくのだと思います。

——鶴見川の総合治水計画は、エコロジストが描いたような計画

私が鶴見川の活動に本格的に参加した 90 年には、すでに、総合治水の枠（80 年〜）ができていました。90 年に改定された計画を見て、私は、河川管理は自然保護かと思うぐらいびっくりした記憶があります。治水を進めるに当たって総合治水は流域の面でやる。その中に保水地域を指定するというのがあり、調整区域はなるべく解除しないとか、山林のあるところは保水地域として残していきたいとか書いてある。予算措置はともかく、理念やビジョンでいえば、川の管理は流域の環境保全につながっていく。鶴見川の総合治水の計画はエコロジストが描いたような計画です。

総合治水の成果を踏まえ、今、鶴見川では、水マスタープランの原案作成ということで、高水・低水管理、環境、防災、利用などの観点から、総合治水計画をさらに流域視野で総合化・多機能化していくような議論をやっています。もう少し正式ないい方をすると、「水循環」の概念を軸にして、多自然・多機能・参加・持続可能型で流域の総合管理を工夫していこうというような計画です。とても新鮮な取り組みで、検討内容が全部絵になれば、河川管理者だけではとうてい実行できるはずのない、流域ベースの都市計画のビジョンになる。できるなら、そこまで河川管理者に描ききってもらいたいと思っています。流域視野で大地をケアしたいという志を職能として育み得るのは、河川管理者だけですから。

そんな折に、心配もあります。河川整備計画や都市マスタープランの動向と関連して、河川計画を都市計画に位置づけるという話が目立つようになりました。しかし、これを安易にすすめられてしまうと、せっかく流域ランドスケープの感覚を地域に定着させてきた河川管理者側の計画が、相変わらずのデカルト空間感覚の旧来型の都市計画にのみ込まれてしまって、脱ランドスケープ化されてしまうという、ある種の危機感があります。例えば、都市計画の中に河

川を位置づけるというとき、「都市施設として位置づける」というしかない。しかし、魚がいっぱいいて、草が青々と生えていて、しっかり蛇行しているような自然状態の流れや、生きもののにぎわいの濃い谷戸や、緑地や、尾根や、本来の流域の自然ランドスケープの基本配置そのものを、果たして都市施設と了解してもらえるのか。もちろん、そんな解釈こそ 21 世紀の「地球人の都市ビジョン」と私は思うのですが、通常の都市計画家がそう了解してくれるのは、ずっと先のことかもしれない。

　きつい言葉でいえば、都市計画者は、まだまだ地球を扱えない。デカルト空間の中でひねりだされた脱地球的な空間計画を、山野河海に自然のにぎわう地べたに、強引に押し付けていく現在の都市計画の発想の中にあっては、都市計画に河川計画を位置づけるというのではなく、むしろ河川流域計画の中に都市計画を位置づける、というくらいの原理主義的な構え方が、実は、河川管理者に期待されていいのではないかと思うのです。たとえば治水や、防災や、環境保全の都合から、人口や、産業規模や、都市化の立地等に関する流域ミニマムなどというのがあってもいい。どんな流域も、健全な水循環を阻害しない土地利用・都市計画がノルマになるとか、流域の市街化率は一定の割合を超えてはいけないとか、源流域に鉄道や道路を無理に通してはいけないとか、そんな制約を尊重するようになれば、都市計画は、やがてランドスケープベースに軟着していくでしょう。

——治水や防災の視野から、流域の自然の保全に開かれていくような計画を

　総合的な自然保全の戦略も、総合治水をならって、流域ベースで見直すのがよいと思っています。事実、鶴見川流域では、96 年からそのようなプログラムが動き出しています。日本国は「生物多様性条約」を批准しています。そのビジョンに沿って、環境庁（現・環境省）が窓口となり、1995 年から、生物多様性国家戦略というのを推進中です。その柱のひとつにモデル地域計画策定の事業があり、全国で 4 地域が選ばれ、作業が進んでいます。そのひとつが、鶴見川流域なのです。

　鶴見川流域の生物多様性地域保全モデル地域計画は、流域を亜流域に分け、それぞれの枠の中で、源流域、川辺、池や調整池、谷戸、学校などに注目し、

保全・回復地域のネットワーク化を提案しています。回復戦略の柱の一つは、洪水抑制施設（調整池）を対象として、可能な範囲で多自然化をすすめていこうというもので、京浜工事事務所の提案でした。この方策はすでに何カ所かで実施に移され始めています。鶴見川流域の生物多様性地域保全モデル地域計画は、2001 年度から自治体、河川行政、市民が中心となる方向へシフトしていきます。枠組みは環境庁がつくったけれども、中身を充実していくのは市民と河川管理者。そんな方向へすすむのではないかとも期待しているところです。

総合治水というのは、人と自然のあるべき関わりを素朴に開示して、わかりやすくて美しいと私は思っています。都市の自然保護者の中には、自然は優しいものと一面的に思い込む人がいるものですが、いうまでもなく、豪雨にせよ、地震にせよ、都市でも自然は怖いものになり得ます。鶴見川の下流の町で、私は三度洪水に遭ったことがあります。豪雨との戦いは必要、治水は必要と体が思うのです。しかし、洪水の大きな原因は豪雨ばかりではなく、流域や川の都合を無視した、わがままな都市計画でもあるとわかっているので、洪水との戦いは、実は、困った都市計画との戦いという側面も持つわけです。

　環境保全というのは、自然との闘い、融和、自然の保護・回復といった作業が多元的にミックスした、多元的な仕事であるはずです。美しい草を守る、愛らしい鳥を守るという思いばかりの自然保護ではなく、治水や防災の視野から、流域の自然の保全に開かれていくような、コントラストの鮮明な保全計画、環

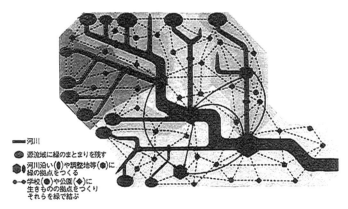

生物多様性保全拠点のネットワーク化イメージマップ
出典：『鶴見川流域・生物多様性保全モデル地域計画』環境庁（1999 年）

境教育をこそ、工夫していく時代です。

　総合治水から都市計画への拡がりを考えていくと、その先に拡がる課題は、流域ベースの水循環計画から、さらに流域そのものの総合的な健全さをテーマにするような、開発・保全・管理計画のようなものになっていくような気がします。「健全な流域の構造とは何か」。ハードばかりではなく地域文化やコミュニティの問題まで含めて、そのような問を正面から掲げるような計画が、いずれ立ち上がるような気がします。そのような動きを誘導する軸は、これもまた河川行政しかありえない。仕事の上で、流域という枠から地球を見つめることが義務になり、志となり得る行政組織は、日本国の行政機構の中では、河川行政しかないのではないか。もちろん、いずれは流域局ができたっていいわけですが。

——川歩き、尾根歩きが、足元に流域という形の地球を開く

　流域の枠組みで都市計画を推進することの文明的な意義は、宇宙人のような暮らしの感覚になってしまった都市住民が、住み場所としての地球の、リアルで尊厳ある姿を、足元から再発見する学習を促す点にある。私はそう確信しています。一番単純なことをいえば、川を頼りにして流域を歩くと、都市の喧噪^{けんそう}に消されていた自然のランドスケープ、地べたの凸凹、つまり地球の姿が、都会の真ん中から、手触り、足触りを伴なって見えてくる。そんな体験こそ、自然の制約を大切にする持続可能な都市文化形成の出発点であってよいと、私は思っているのです。

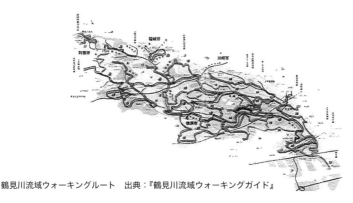

鶴見川流域ウォーキングルート　出典：『鶴見川流域ウォーキングガイド』

そんなビジョンを、都市計画にシンプルに活かすには、例えば、どこの都市河川流域であれ、流域配置の凸凹構造、水系模様、自然域の全体配置が、だれにも鮮明になるように、水系や尾根筋に、流域散策のトレイル（小道）をつくってみる、というのが良いと思います。混雑ばかりの横断歩道と見えていた場所が、分水界の峠であるとわかったり、隣町の雑木林が同じ小流域の源流とわかったり、それだけで人の認識はどんどん地球に向いてゆく。そんなトレイルが、大人の散策ばかりでなく、子供たちの遊びのルート、自由な探検ルートに活用されていったら最高です。実際、鶴見川の TR ネットは、そんな効果を狙って、流域の新しい散策ルートを選ぶプロジェクトを推進中です。TR ネットの中心メンバーは、毎年正月開け、最源流の泉から河口の町まで42.5 キロを 2 日かけて歩き、流域の丘や町の風景をしっかり心に刻むのを恒例としています。そんな散策ルートを、本流、支流の水系に沿い、尾根に沿い、町にも田園にも、縦横に張り巡らしてしまいたい。川歩き、尾根歩きが、足元に流域という形の地球を開く。これも TR ネットのモットーです。

　イギリスやアメリカには、「wake up ○○ river」という運動があります。「起き上がれ○○川」。埋められた川の上を、「起き上がれ、起き上がれ」とみんなで歩く。そんなウォークが、本当に川を蘇らせ、流域の自然ランドスケープを蘇らせる。21 世紀の都市には、そんな感動がいっぱいあるかもしれません。自然との共存、循環型社会の実現を。表現はどうあれ、地球制約の中で人が安らかに暮らし直す時代を開くには、まずは地球の凸凹をおもしろいと思い、その凸凹ランドスケープを尊重して暮らすことが、楽しく、美しく、良い人生に相応しい気づかいと了解されるようになる。そのような方向へのコモンセンスの転換が、進行するのでなければならない。自然と共存する持続可能な都市の文化を到来させる最大の力は、環境倫理の抽象議論でも、経済・技術の環境論議でも、もちろん政治的な空さわぎでもなく、きっとそのような転換になるに違いない。必要なのは「すみ場所」の地図をめぐる、抽象地図からランドスケープマップのパラダイムシフト。私には、そのような見極めがあるようです。

初出：財団法人リバーフロント整備センター編集『川・人・街
　　―川を活かしたまちづくり―』山海堂、2001 年、pp.10-33

3. 市民活動が守る流域の生物多様性

1. 鶴見川流域のモデル地域計画

　東京・町田の多摩丘陵に発し、横浜・鶴見区で東京湾にそそぐ鶴見川は典型的な都市の川である。面積235k㎡の流域は、すでに85％が市街化され流域人口は170万人と推定されている。

　その流域で、生物多様性国家戦略の地域プログラムの一つ、「生物多様性保全モデル地域計画（鶴見川流域）」が動き出している。流域の空間構造や、河川コリドー、洪水調整施設、校庭などに注目し、都市における生物多様性の保全・回復を戦略的に進めようという提案で、基本案（1998）に沿い、フォローアップ作業が始まった。その作業に鶴見川流域ネットワーキング（TRネット）のナチュラリストたちも、連携している。

2. TRネット

　TRネットは、「流域地図を共有し、安全・安らぎ・自然環境重視の川づくり、街づくりを通して、自然と共存する持続可能な流域文化」を育成しようと、1991年に設立された流域ネットワーク組織である。99年現在、参加団体は53。川づくり、まちづくり、自然の保護、福祉、イベント交流など、多様なテーマの団体が川の縁でつながり、市民参加を推進する河川行政・鶴見川流域総合治水対策協議会等と呼応しながら、緩やかな連携活動を展開している。その参

加団体の3割ほどが、川辺や、谷戸や、雑木林など、流域の生物多様性拠点に持ち場をもち、日常的に保全活動をすすめる、ナチュラリスト系の団体（鶴見川流域ナチュラリストネットワーク）である。

3. 自然の賑わいを再発見する

TRネットのナチュラリストたちの基本活動は、足元から流域へ、自然の再発見を進めることだ。

改めて歩き、見直せば、過密都市の足元にも、生きものの賑わいを支える水辺や緑は、次々に再発見されてくるものだ。水系に沿い、流域に足を延ばせば、源流にはなおキツネ・オオタカの暮らす森林域や、ホトケドジョウ・アブラハヤの暮らす流れ、中流にはアシ・オギの繁る高水敷や、湿原回復の夢を育む遊水地、河口域にはハゼやカニの暮らしを支える干潟さえあるとわかってくる。自然拠点の、そんな大小さまざまな発見を流域地図に記し、メンバーはもちろん、市民、行政にも伝え、共有化してゆくことが、ナチュラリストたちの日常だ。

4. 持ち場のある活動

TRネットは、足元／流域歩きと同時に、〈持ち場のある活動〉を重視する。源流には、自然観察ウォークと同時に、自然回復拠点でもある「源流・泉の広場」の清掃・管理を定例で実施する団体がある。谷戸の水辺の管理を続け、源流の丘で公開型の交流会・自然観察会を実施する集まりもある。中流には、高水敷に野草地を復活させる定例作業を続ける団体や、湿原回復を目指して遊水地に付き添い続けるグループがある。下流には川辺の堆積地やワンドを、町のビオトープとしてお世話する団体、市街地に囲まれてしまった溜め池に付き添うグループ、河口の小さな干潟で清掃や自然観察を続ける会などがある。TRネットのナチュラリスト集団の中で尊敬されるには、なによりもまず、町の自然拠点のお世話集団として、活動できなければならないのである。

5. 提案から実践へ

　流域の自然拠点に関するナチュラリストたちの情報や経験は、各種の回路を通して、行政に伝えられ、生物多様性の保全・回復にかかわる計画、実施、管理の領域で活かされている。TRネットは流域ネットワークとしての全体提案の柱として、本流源流域の大規模保全、中流域の高水敷と遊水地における湿原の保全・回復、河口干潟の保全などを掲げているが、源流、中流、下流、支流流域それぞれに、さらに詳細で多様な保全・回復提案が集積され、河川管理者や、自治体に伝えられている。源流の泉の広場も、高水敷の野草地回復や、ワンド保全も、そもそも、そのような提案を通し、実現されてきたものだった。

6. 課題

　持ち場主義、流域主義（流域思考）をスタイルとするTRネットの環境保全活動は、流域の自然拠点のケアをテーマとして、継続活動のできる団体の存在を前提にしている。実はこれが困難な課題である。

　長年の経験から判断すれば、愛好家たちの遊動的な自然観察会や、自然調査

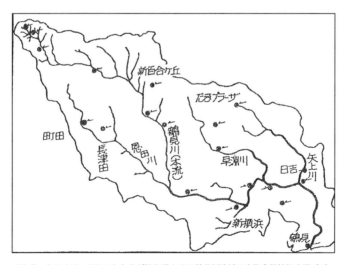

TRネットのナチュラリストたちが持ち場とする鶴見川流域の生物多様性拠点群（●）

に特化する様々な活動が、TR ネット型の〈持ち場―ケア集団〉に移行・転換する可能性は、小さい。分類や生態にかかわる専門知識以前に、まず場所（place）に対する関心、愛情、センスのようなものがなければ、とうてい継続不可能な活動、という感じがあるからである。そんなセンスのある個人、集団をいかに発見することができるか。TR ネットの課題は、いつもそこへ戻ってくる。

7. ビジョン

　鶴見川流域の生物多様性保全モデル地域計画は、3 回のフォーラムを介して、流域連絡組織を工夫する方針だ。その推進に、地元自治体、河川行政とともに、TR ネットも参与している。第 1 回のフォーラムは、流域の池や調整地の生物多様性をテーマとして、横浜市主催で実施され（99 年 9 月）、TR ネットも全面的に協力した。流域の谷戸の生物多様性保全をテーマとする第 2 回フォーラムは、来秋、町田市主催で開催される予定であり、再来年春には、パートナーシップをテーマとする環境庁主催の催しが予定されている。流域の町の自然の賑わいに愛着をおぼえ、新しい〈持ち場―ケア集団〉を立ち上げる志と力のある流域仲間との出会いを待望しつつ、TR ネットのナチュラリストたちもまた、新たな応援の準備をすすめる日々である。

初出：『かんきょう』24（12）、ぎょうせい、1999 年 12 月、pp.19-20

4. 総合治水対策から流域治水へ
鶴見川からの発信

流域治水の時代がはじまった

　流域治水という言葉が、一般社会にも知られるようになってきた。2020年、従来型の治水対策とは全く異なる治水コンセプトとして、国土交通省が大々的に公表した、新しい治水ビジョン、治水の方針だ。

　しかし、治水問題に関心のある市民なら、この表現そのものに少し違和感を覚えていい。豪雨をあつめて、時に氾濫も引き起こすのは、流域という地形である。治水は流域で対応されるものというのは、いってしまえば理の当然。流域で治水をすすめる「流域治水」方策の、いったい何が新しいというのか。

　実はそれが、ほぼ本当に、新しいのが日本国の治水の現状なのである。近現代の日本列島の治水の本流は、雨の水を集水する「流域」という地形・生態系を総合的に利用して洪水（大雨で発生する流れのことを「洪水」という。氾濫しているかいないかは無関係）をコントロールする方策ではなく、流域に降る雨水を集水する「河川」という帯状の自然公物を河川法で管理し、「下水道」というこれもまた帯状の人工物を下水道法で管理することによって洪水をコントロールしようとするきわめて限定的な手法だったのである。この「限定」的手法はもちろん今後も廃止するわけにゆかず、継続・強化もするのだが、これまで軽視してきた流域地形、流域生態系領域に、この際一気に大きく注目を集め、新時代の治水の工夫を期待してゆくというのが「流域治水」のビジョン。新しくないはずがないのである。

　「河川」、「下水道」の計画的な管理・整備に依存する従来型の治水は、治水

の仕事・配慮を河川・下水道関連部局に委ねることによって、流域に広がる農地、市街地、産業地域に、治水対策という煩わしい課題を負わせない分業主義の都市経営・地域経営の考え方に基づいていたといっていい。それが従来型の治水対策の本質だったと思われる。

　「流域治水」の喧伝は、そんな配慮がそろそろ限界に来たことを告げている。温暖化豪雨時代の到来かとも危惧される豪雨災害の増大に、従来型の治水対策、あるいはその延長上の努力ではもはや対応できない時代が到来すると、国が判断したということだ。いわくグリーンインフラ（流域の緑の領域）の活用で保水力を確保・増強させてゆく。いわく、あふれさせる治水で、流域内の水田、あるいは軽度の浸水にたえることのできる都市空間を、豪雨洪水を保水・遊水装置として利用してゆく。いわく、氾濫があっても被害規模を軽減し復旧を容易にするような都市の計画、対策を推進する、等々。河川の管理、下水道の管理とは別の流域内諸領域における治水対策を、いまこれから新たに重視してゆくというのが、流域治水の考え方ということになる。

　河川法で管理される日本列島の河川は、一級河川、二級河川、準用河川合わせて、数万本に達するはずである。通常の河川管理はうけないが、豪雨があれば災害を引き起こす可能性もある普通河川、水路等をふくめると、日本列島にはおそらく数十万本の河川・水路があるのだろう。それらすべてに対応する集水域＝流域において、流域治水の工夫を進めるべきあらたな時代がひらかれるというのだから、言ってしまえば、流域治水は、日本国における治水対策の「革命」といっても大げさではないのかもしれない。

　とはいえ現状は、まだ従来型の治水対策の初歩さえおぼつかないというのが多くの河川流域の実状だろう。治水努力の進んでいるはずの一級河川に限定しても、全国 109 水系について公表されている流域治水プロジェクトの現状での内容は、まだどれも河川整備の充実という現実課題から大きく踏み出せてはいないようにも、見えるのである。

背景は温暖化豪雨時代への適応

　流域治水が喧伝される背景となっている温暖化豪雨時代の到来という見通しについていえば、人為的な気候変動の寄与がどの程度なのか、危機の拡大がどの程度リアルなのか、まださまざまな意見もあるところである。

ちなみにいえば、日本列島において、台風、豪雨の規模、頻度が実証的に増大する傾向がどの程度に確認できているのか、筆者は検証できていない。ただし、短時間豪雨の規模や頻度は、確かに増大している傾向はありそうである。海面上昇の傾向も見えてきた。温暖化傾向に対応する豪雨シミュレーションの予想を常識的に信頼するなら、これから数百年、あるいはそれ以上の年月にわたり、私たちは巨大化する豪雨、高潮等に賢明に対応し、都市文明の安全を確保してゆかなければならない。そういう展望が、流域治水の動向を駆動しているといっていいのだろうと思われる。

先行事例は 1980 年鶴見川流域における総合治水対策

　河川法、下水道法の枠の外で実施される流域規模の治水対策を語るとき、保水、遊水という概念に注目するのが便利である。保水は、豪雨の洪水が河川水系に流入するのを量的・時間的に抑制する効果。遊水は、河川・下水道に流入して、安全に流し切れず越水する、あるいは越水する可能性のある洪水を、農地や町、あるいは特別に増設された河川空間（遊水地）などで貯留し、下流を氾濫から守る機能、とでも理解しておくのが良いだろう。

　あまり強調されない事実だが、日本国の多くの都市河川流域では、河川法・下水道法関連施設であるかどうかにかかわらず、実はすでにさまざまな工夫で、通常の河川・下水道の治水対策をこえた、保水、遊水対策をすすめることが常識化しているという実情がある。「総合的な治水」、「総合治水対策」などと呼ばれる方式である。一部の河川については、「特定都市河川浸水被害対策法」の特定河川に指定され、組織的・計画的な流域対策もすすんでいる。そして実は、流域治水そのものの部分的な先駆けといっていいこれら「総合的な治水対策」の、そもそもの元祖的な事例ともいうべき一級水系流域が存在する。東京都と神奈川県の境界領域に広がる流域、ここ 40 年ほどにわたって筆者が日々河川流域活動で付き合い続けている鶴見川という都市河川の流域だ。鶴見川流域は、1980 年来、国の総合治水対策の先駆けとして、流域視野の総合的な治水のモデル的な実践場となってきた。この機会に、鶴見川流域における、すでに 45 年に近い流域総合治水の歴史、実践、成果を知っていただくことは、今後の流域治水全般の可能性や、課題を理解するうえで、大いに有用なことだろ

うと思われる。

鶴見川流域総合治水対策の歴史

　都市河川の流域は、自然の保水・遊水機能地である緑や農地が急速に市街化される歴史をたどってきた。保水力、遊水力が急減するため、同じ雨が降っても、流出する洪水は市街化の進行とともに大型化してゆくのが道理である。温暖化豪雨時代が話題になる以前から、都市化による洪水の大型化は大問題だったのである。そんな都市河川の筆頭とされるのが、一級水系鶴見川の流域だ。

　東京都町田市の北部丘陵と呼ばれる多摩丘陵域を源流地として、川崎市南西部、横浜市北東部に流域を張る鶴見川は、本流全長42km、流域面積235平方km、流域人口200万人。2023年現在すでに流域の90%近くが市街化された典型的な都市河川である。

　高度成長経済時代、日本国の産業エンジンとなった東京・川崎・横浜のベッ

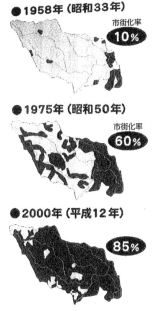

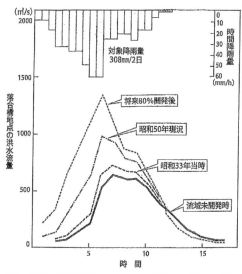

図1　鶴見川流域の市街地率の変遷。2023年時点では、すでに90%に近いと予想される。京浜河川事務所「鶴見川流域マスタープラン推進宣言」から、岸、改作。

図2　流域の市街化率増加にともなう鶴見川の洪水流下量の変化に関するシミュレーション。昭和50年の市街地率は60%。80%になると流出量は30%増加と予想された。流量測定は支流恩田川との合流点。『生きのびるための流域思考』から引用。

ドタウン開発地として期待された鶴見川流域は、1960年代から想像を絶する急激な市街化に見舞われた。戦後から今日にいたる流域の市街地率は、1958年10%、1975年60%、2020年には90%近くと、急増してきた（図1）。

　急激な市街化にともない、同じ量の雨でも河川に流入する洪水の量は急増する。1975年、その後の市街化予想にもとづく洪水量の増大を推定するグラフ（ハイドログラフ：図2）を作成した京浜工事事務所（現・京浜河川事務所）は、従来型の河川整備、下水道整備では、大水害不可避と判断し、流域規模で「水防災」を検討する「鶴見川流域水防災委員会」を立ち上げ、流域枠組みによる治水対策を提案する展開となった。提案された方策は、後日、建設省（当時）河川審議会の決定をうけて「総合治水対策」と命名され、1980年、鶴見川は第1号の総合治水対策特定河川となった。

流域整備計画の成果と課題

　総合治水対策という名称の「流域治水」の下、鶴見川の流域では、河川整備計画、下水道整備計画とは別に、「流域整備計画」が1980年、1990年の2度にわたり策定された。その計画の魂ともいうべき流域の地区区分図によれば、鶴見川流域は、丘陵地を基本として保水機能の充実を図るべき保水地域、河川周辺の水田・農地を基本として「あふれさせる」機能を充実すべき遊水地域、さらに下水道の工夫や建築の工夫等による減災を重視すべき低地地域に3区分され、それぞれの地域において、行政、市民の、流域視野の治水努力が期待されるところとなった。

　国（建設省・国土交通省）、東京都、神奈川県、町田市、横浜市、川崎市の都市計画都市経営が交錯する鶴見川流域では、総合的な治水対策を共通課題とする行政連携にさまざまな困難があった。しかし新横浜地域における巨大遊水地（新横浜多目的遊水地）設置や、国・自治体それぞれによる河川整備、横浜市・川崎市による雨水の地下貯留管設置などを含む下水道整備計画の進捗を軸に、市街化調整区域の保全努力、開発にともなう雨水調整地の設置など、流域全域に広がる治水努力が有効にすすみ、1990年以降、かつてであれば浸水家屋2万件規模に相当する大氾濫を引き起こしたはずの豪雨（2日間流域平均雨量300mmをこえる規模）の到来にも、耐える治水安全度を確保するに至って

いる（図3）。

　鶴見川の総合治水対策については、国と横浜市が、河川整備の一環として共同で設置した計画貯留量390万㎥規模の新横浜多目的遊水地の貢献が話題となることが多いのだが、流域治水の動向からいえば、源流町田市が保全した1300ha規模の保水の森や、個別的な開発事業とセットで流域全域にわたって設置された、5000カ所をこえる雨水調整地・雨水貯留槽（総貯留量300万㎥超）の貢献こそ、総合治水の華というべきかもしれない。それらのバックアップがなければ、多目的遊水地の計画貯留量も十分ではないからだ。ちなみにいうと、鶴見川流域総合治水対策においては、遊水地域における水田の遊水貢献は、残念ながら最小限の規模にとどまっていると思われる。市街化への強い期待のある沿川農地を、「あふれさせる」治水の候補地とすることがどれほど難しいことか、鶴見川の総合治水対策は身に染みて知っているということかもしれない。

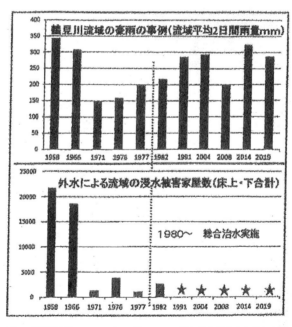

図3　鶴見川流域における流域平均2日間雨量と浸水被害をうけた家屋数の関係。上図：1958-2019年における顕著な豪雨の一覧。下図：対応する浸水被害の規模。破線は総合治水対策開始年。★は浸水被害ゼロあるいは数件規模を示す。『生きのびるための流域思考』から引用。

温暖化豪雨時代にそなえる流域治水の課題

　鶴見川流域総合治水対策は、図3が実証するように、その限りで見事な成果をあげてきたといってよい。なかでも、雨水調整地の設置を常識化、義務化すれば、市街化とともに治水を進めることができるという工夫は、都市流域における流域治水の見事な工夫といっていいかもしれない。ただし、外力（降雨量）増大への流域対応という温暖化豪雨時代の新課題に関して言えば、すでに市街地率90%規模になった鶴見川流域では、開発にともなう雨水調整地拡大に未来の治水を期待する道はなくなってしまったといっていい。急激な市街化に対応する流域治水方策として総合的な治水対策をすすめてきた鶴見川流域は、いま、温暖化豪雨時代にむかう流域治水を進めるにあたり、総合治水対策の多彩な成果をふまえつつも、全く新しい流域対策を工夫してゆくほかに道はない状況に置かれている。

　開発に伴う雨水調整地の大規模調達がすでに難しいだけではない。大規模予算を前提とする地下放水路などが無事に実現できるのかどうか、大規模な用地確保を前提とする従来型の遊水地の増設がどれほど進むものか、豪雨時代を迎える鶴見川流域治水の未来は、なかなかに難しい展開が予想されているのである。

　温暖化豪雨時代の到来が現実のものであれば、鶴見川の下流地域が対応すべき豪雨水害のモデルは、50年に一度、100年に一度の頻度で予想される豪雨氾濫ではなく、まずは歴史的に確認できる最大級の水害事例であるべき、というのが私の意見だ。そのような事例として私は、1938年、多摩川・鶴見川共通氾濫がもたらした激甚水害に注目している。シミュレーションでなく、現実の激甚災害の記録を基礎に考えれば、観念的・概念的な検討ではなく、流域のどこでどんな浸水があったか、氾濫をもたらした洪水はどこからきたか、詳細かつ具体的な流域レベルの検討が可能になるからである。

　1938年6月末から7月冒頭にかけて、関東は長雨が続いた。その終盤、流域3日間平均雨量400mmを超える豪雨が多摩川流域、鶴見川流域全域をおおい、多摩川の氾濫水は予想もしない水系回路を通して鶴見川下流域にも広がって、標高5m規模の大水没が横浜、川崎の鶴見川流域低地を襲うことになった。豪雨時、鶴見川は多摩川の支流になる。温暖化豪雨時代の鶴見川下流の氾濫は、

鶴見川流域だけではなく多摩川流域の巨大洪水にも影響されることを実証する氾濫だった。総合治水対策を引き継ぐ鶴見川の流域治水は、この歴史的大水害に相当する規模の危機を軽減し、都市を守るために必要な流域治水対策でなければならないはずだ。

　そんなビジョンを基本とすべき鶴見川流域治水の未来は、鶴見川・多摩川源流域の緑の広大な保水力の保全とともに、共通氾濫域となる下流沖積低地における都市計画そのものの抜本的な工夫を進めるしかないように思われる。水没・激流にもたえる中高層建築による都市空間の減災、防災構造の抜本的な工夫。それを前提とした、安全ネット、防災ネットの工夫が様々に進められなければならない。総合治水対策において遊水地域に指定された中流域の沿川地では、常識的なあふれさせる治水ではなく、また税金の大規模投入を前提とする河川整備型の遊水地の増設でもなく、むしろ市街化調整区域を積極的に市街地としつつ、新しい市街地それ自体を、巨大な遊水地スペースと集約的な都市域の複合領域とするような工夫も必要になってゆくのではないか。新横浜の多目的遊水地は面積84ha。たとえばその中心部に容積率等を大幅に優遇される10ha規模の高層市街地があるような、新たな遊水都市計画を想像してもいいのではないか。地権者、自治体、企業の共同で、そんな方向にすすんでゆくことこそ、総合治水対策で都市河川流域の治水を先導し、開発飽和状況において温暖化豪雨時代に直面する都市河川・鶴見川流域が、流域治水の遠未来に貢献してゆくことのできる、あらたな冒険なのかもしれないと思うのである。

　そんな鶴見川の流域では、総合治水対策を軸としつつ、治水にとどまらず、河川水質、自然保護、震災対応、流域交流文化づくりなどを柱とする、水循環健全型流域づくりを目指す〈鶴見川流域水マスタープラン〉が、2004年から推進されている。これは、国と流域自治体の首長の共同署名に基づく、法定計画ではない自主計画だが、いまのところ推進役は国土交通省京浜河川事務所と、流域連携をすすめる市民団体、企業が突出し、署名者であった東京都、神奈川県、町田市、横浜市、川崎市などの自治体からは、総合治水の成果が一段落した安堵が一因か、まだあまり推進への熱心な参与はない。しかし連携の枠組みはおりおりに確認されている。総合治水対策の想定する規模を大きくこえる激甚豪雨に見舞われる近未来があれば、鶴見川流域は総合治水対策が育てた国・自治体・市民・企業の連携を拡大・再起動させ、水マスタープランの合意を生

かし、現在提示されている流域治水のビジョンさえ大きくこえる多元的な流域水循環健全都市を創出する道を、さぐってゆくことになると期待したい。

あふれさせる治水は機能するのか

　鶴見川流域における総合治水対策という、特殊都市流域型の流域治水の紹介ばかりに誌面を使ってしまった。鶴見川以外での経験もふまえながら、都市河川に限定されない、流域治水の今後の課題についても、少し、感想を付記させていただきたいと思う。

　特記すべきは、「あふれさせる治水」への期待、情緒的にも過大に期待されるこの分野の可能性と現実について、少し触れておくのが良いかもしれない。

　あふれさせる治水に大きな期待を寄せる識者の中には、都市域でも、適度な床下浸水を許容する方策に希望をみる議論がある。都市それぞれの判断なので断定的なことをいうつもりはないが、現状の日本国において、その形の「あふれさせる治水」を実行するのは、たぶん至難のことと思われる。都市化を期待する農業地帯、あるいはブランドを強く意識する米作地帯における水田を利用した「あふれさせる治水」もまた、実行は本当に難しいだろう。かつて私は某流域で、水田地帯に氾濫時の補償を条件とする広範なあふれさせる対策を提案する識者の一員となった経験があるのだが、農業委員会の代表の合意までとって、なお、自治体首長の了解を得ることができなかった。もちろん、中山間地等の大規模な水田地帯において、貯留時の補償を伴う「あふれさせる治水」が、良好な合意をもってすすめられるケースはすでに多々あるはずだが、都市域、都市近郊域での、「あふれさせる治水」論議は、しばしば不毛な理想論になってゆく可能性ありと危惧もしている。あえて言えば、鶴見川のような典型的な都市河川流域においては、補償金対応でも、用地買収でもなく、民間的な土地利用の枠で遊水機能を担保する多機能的な遊水都市域を工夫するような新しい工夫を期待していくしかない未来が、見えてくるような気がするのである。もう一つ、特記しておくべきことがあるとすれば、「あふれさせる治水」対策を決断するのはだれかという問題がある。もちろん河川法に則り仕事をする河川管理者が最終決断できるわけがない。農業関係の国民、行政、とりわけ自治体の長こそが、決断者ということになるほかにないのではないか。この事情が果

たしてどこまで明晰に広く自覚されているものか、おりおり、心配になること
もあるのである。

　まとめにかえて、以下、鶴見川流域における総合治水対策、流域水マスター
プランの状況を詳しく知っていただくための施設、文献紹介をさせていただき
たい。鶴見川流域総合治水対策の象徴ともされる新横浜多目的遊水地の一角に、
国土交通省の「遊水地管理センター」がある。その 2F は「鶴見川流域センター」
という名称の、水マスタープラン広報施設となっており、鶴見川流域の治水、
自然、流域活動の独自の歴史を紹介する各種の展示とともに、関連図書のライ
ブラリーもある。火曜日、年末年始を除く平日、午前 10 時から午後 5 時まで
利用可能だ。一般購入可能な書籍として、拙著、『生きのびるための流域思考』
（ちくまプリマー新書、2021 年）も紹介しておく。小さな本だが、流域思考の
基本、総合治水対策、流域治水の基本の紹介にくわえて、鶴見川流域における
総合治水、水マスタープランの歴史、現状、課題が、略述されている。本文で
ふれた 1938 年の大水害については、『鶴見川水害予防組合史・増補復刻版』（NPO
鶴見川流域ネットワーキング、2022 年）に、記録がある。

＊　＊　＊

　鶴見川流域は、ダムも広大な水田域もない典型的な都市河川流域である。そ
の流域において展開されてきた、流域治水を先取りした総合治水対策、さらに
は流域治水を超える未来ビジョンかもしれない流域水マスタープランの実験
は、そのままの形で全国の河川流域に応用できるはずもない。しかし、そんな
実験を推進した河川管理者の先見、そのイニシアチブを受け入れて 40 年を超
えてすすめられてきた行政間連携や様々な流域活動の経緯、成果、課題は、流
域個性の違いを超えて、全国の流域に有用な示唆を提供できるかもしれないと、
期待している。

初出：『現代思想』「特集 ＊〈水〉を考える」2023 年 11 月号、青土社、pp.50-57

5. 足もとの自然に 「生きものの賑わい」を求めて

地球人への自由時間

　私は自由時間の多くを野外ですごします。街の川辺や雑木林で、環境保全を
めざす市民活動に参加しているためです。そんなナチュラリスト暮らしの日常
に即して、都市に地球人を育てる工夫について、考えを述べたいと思います。

地球人をめざす

　まずは地球人のことです。私たちは、火星でも月でもなく、地球に暮らして
います。しかし、それだけで無条件に〈地球人〉とは呼ばないことにしたい。〈地
球人〉という表現に、私は特別な意味を持たせたいと思っています。

　私の手前勝手な定義によれば、地球人とは、〈地球親和的な文化〉を生きる
未来の人々の呼称です。地球制約の中で〈自然の賑わい〉とともに安らかに暮
らしてゆける関心や行動様式のようなものを持ち、そんな関心や行動を励ます
文化の中に生きることのできる未来の人々のことです。地球制約の限界に衝突
してなお、拡大主義的な暮らしを転換できない私たち 20 世紀末の人類は、残
念ながら地球人とは呼ばないことにする、というわけです。

　1992 年、ブラジルのリオで開催された地球サミットが象徴するように、〈自
然の賑わい〉と共存する持続可能な未来、をめざす環境革命時代に突入した人
類は、いま、こぞって地球人をめざしはじめています。しかし、関心も、行動
も、生きる文化も、地球人にはなお遠いというのが、私たちの暮らしの実状で
しょう。あえていえば私たちは、地球人への修練の途上にあるとでもいうべき

存在でしょう。だから、ここでは、私たちは前地球人、と名付けておくことにしたいと思います。

自然の賑わいとはなにか

　論議に入るまえに、〈自然の賑わい〉という私の表現について、一言触れておくのがよいかもしれません。地球サミットが合意した条約の一つに、〈生物多様性条約〉があります。〈自然の賑わい〉という表現は、その条約のいう〈生物多様性〉に近いものです。

　地球は生きものたちの賑わう星です。生物学者たちの推定によれば、現在地球に暮らす生きものは、1000万から3000万種にもおよぶといわれます。地球環境危機を深める私たちの産業文明は、その賑わいを急速に破壊し続けており、その速度は、毎年数万種規模の絶滅に相当する、とも推定されています。主因は人類の活動による生息環境の破壊です。山や、野や、湿原や、川や、海など、地球がつくり上げてきたあらゆる大地の構造（ランドスケープ）に多大な攪乱を加え、そこを住みかとする生きものたちの多様・多彩な暮らしを大規模に破壊し続けている。それが地球制約を軽視して暴走する私たちの産業文明の生命史的な姿、人間中心でなく、進化史を共有してきた生きものたちの世界から見た姿である、ということです。

　当面の実効性の度合いはともあれ、そんな大破壊を阻止しようというのが、生物多様性条約の理念です。生物たちの多彩な住み場所である大地の構造を守り、回復し、多様な生物種を守ってゆけるような経済活動、文明をつくってゆこうという理念が込められています。条約のいう〈生物多様性〉は、生きものそのものの多様性と、その暮らしの場である大地の構造（生態系あるいはランドスケープ）の多彩さの、両方を総合した専門用語として使われています。

　私たちは、地球の制限のもとに安らかに暮らすことのできる持続可能な社会をめざさなければなりません。しかもその歩みは、生物多様性の保全・回復を二の次にせず、共存すべき内在的な価値を持つものと位置づける過程でありたい。〈生物多様性とともにある持続可能な未来〉。環境革命の指針は、そう表現されるのが適切です。

　しかし、生物そのものの多様性とその生息の場である大地の構造の多彩さを

合わせて、〈生物多様性〉と呼ぶのは、日本語の日常的な語感では、ちょっと無理があるようにも思われます。内容の総合性からいえば、むしろ〈自然の多様性〉とでもいってしまった方がよいかもしれない。さらにいえば、多様性、という表現は、専門用語としては適切でも、内在的な価値の存在を日常会話の領域で予感させる表現としては、やや硬すぎるかもしれません。それなら〈多様性〉といわず〈賑わい〉といってみようと、私の語感は主張しています。生物そのものの多様性を強調したいときは〈生きものの賑わい〉という表現にすればよいのです。ただし生息の場としての大地の構造を、〈生きもの〉という表現と同じくらい簡潔で優しく表現できる日本語は、私の脳裏に浮かびません。ランドスケープ、生態系、生息域、という表現の代わりに、山野河海（網野善彦氏の『日本史の視座』で見つけた表現です）という表現を借用するのは、苦肉の策です。

　というわけで、〈生物多様性＝自然の賑わい＝生きものの賑わう山野河海〉、そんな置き換えと理解していただければ幸いです。

　生物多様性論の専門的な解説の一部には、生物多様性の内容をほとんど遺伝子の多様性のように解釈する傾向があります。遺伝子レベルの多様性も確かに生物多様性の重大な要素ではありますが、その概念の本来の焦点は、時には実利もこえて共存の対象とされるべき〈自然の賑わい〉、つまり、生きものと山野河海の賑わいの領域にあるものです。

地球も自然も見えていない

　さて、ようやく本題に進みます。

　私たち前地球人が、地球人になるために育てなければならないものは、個人の資質や能力から、共同的な文化まで、多様多彩な分野にわたります。そんな課題の中から、特に重要と思われる領域を取り上げてみたいと思います。

　まず第一は、日々の暮らしの現場において、尊重すべき地球の制約や、共存すべき自然の賑わいを、鮮明に把握することができる資質・能力のようなものです。

　こういうと、地球も見えるし、自然だってよく見えているではないか、という反論があるかもしれません。しかしそれはおおむね錯覚です。尊重すべきも

のとして地球が見えているというのは、地球儀や、人工衛星写真の中の地球の
姿や、アウトドア雑誌に掲載される秘境の光景を知っている、などということ
ではありません。私たちが尊重できる地球は、究極をいえば、私たちの暮らし
の足もとに現われている地球に決まっているからです。そんな地球の様相、つ
まり山野河海の様相を、さて私たちは、日常的にどこまで鮮明に知っているで
しょうか。たとえば、あなたの暮らしの足もとが、どんな川の流域か、どんな
丘陵、どんな台地の一隅か、さらにその周囲に、どんな山野河海が展開してい
るか、実感を持ってイメージすることができるでしょうか。できる人は、この
面ではすでに地球人に近い資質のある方です。20世紀末の都市の前地球人は、
人工衛星の撮った地球写真や秘境の映像はよく知っていても、足もとの地球の
姿は、ほとんど知らないのが普通です。

　足もとの山野河海の配置が見えないばかりでなく、私たちは、足もとの地球
をともに暮らす生きものたちの賑わいもまた、ほとんど見えていないのが普通
です。自宅のすぐ脇の都市河川にアユがのぼることや、カワセミが訪ねてくる
ことや、歩いて10分ばかりの神社の森にアオバズクの雛がいることや、先日
崩された斜面の森にタヌキの家族が暮らしていたことや、学校の裏山に1000
種を超える生きものたちが暮らしていることや……、そんなことはほとんど知
らない、それどころか関心もない。セレンゲティの草原や、アマゾンの秘境や、
南の海の瑚礁に暮らす有名な生きものたちの話題に通じている自称自然通も、
暮らしの領域の自然の賑わいは鮮明に見えず、それでさしたる不安もない。そ
れが普通なのではないでしょうか。

　地球も自然も見えていないというのは、そういうことです。人々がそんな状
況のままで、地球制約を尊重し、自然の賑わいとともにある暮らし、地域、都
市がつくれると思うのは、たぶん大いなる錯覚でしょう。そんな状況のままで、
都市の川や、雑木林や、丘陵や、海岸が、生きものの賑わいとともに尊重され、
大切にされ、保全・回復されてゆく政治や行政が実現すると考えるのは、これ
も大いなる幻想なのだと思います。さらにいってしまえば、暮らしの足もとが、
いずこもそのような有様のままで、自然の賑わいとともにある持続可能な未来
が地球大で一挙に実現できると考えるのもまた、錯覚なのではないでしょうか。
地球とは、いってしまえば無数の足もと、無数の地域の総体のことだからです。

文化の次元も問題である

　足もとに現われる地球の様相や、生きものの賑わいを鮮明に把握することは、もちろん個人の努力で促進できることです。しかし自在に、というわけにはゆきません。文化の問題があるからです。

　たとえば地図の問題があります。足もとに現われる地球の様相を的確に把握するには、行政区画や交通網の地図ではなく、川、流域、丘陵、台地、海岸など、山野河海（ランドスケープ）の配置を分かりやすく表現した地域の地図が必要です。しかし、そんなものは私たちの文化の中に、ほとんどないのが実情です。すこし正確にいえば、小学校のたぶん4年生の頃に、一度、地域の自然配置や産業をしっかり勉強する機会があるはずです。しかし、足もとの地球を学校で真面目に学ぶのは、それでおしまいになってしまう。選挙権のある成人は、自分の暮らしている地域に、どんな地球の模様（山野河海）があるか、ほとんど知らない、関心もないというのが、むしろ普通のことでしょう。交通マップや、行政マップや、土地価格マップはあっても、山野河海の足もとマップは日常的でない。それは、地球無視の長い歴史を背景にした、共同的な文化の問題というほかないものです。

　自然の賑わい、生きものの賑わいに関しても事情は同じです。身の周りの自然の賑わいを日常の会話に乗せる文化は、現代の都市文化には、遠いものです。日々の暮らしの喜怒哀楽を、ともに足もとの地球を生きる生きものたちの暮らしに繋げて、想い、語るようなメジャーな文化は、私たちの都市には、不在です。

　適切な地図の不在。身の周りの自然の賑わいを当然のように話題に乗せる会話の不在。そんな文化の日常は、足もとに現われる地球の様相や、生きものの賑わいを鮮明に把握しようと思い立つ市民を、決して励ましはしないでしょう。そんな状況の中で、地球人をめざすということは、少なくとも、二重の修練、二重の大きな課題にとりくむということです。一つは、個人の暮らしの問題として、足もとに現われる地球の様相や生きものの賑わいを再発見する活動や工夫をはじめること。そしてもう一つは、そんな日常を土台にして、地球の様相や生きものの賑わいを地図や会話に乗せるのを常識とするような地球親和的な地域文化を工夫してゆくということです。

　そんなことをあれこれ考えながら、私は、都市の真ん中でずっとナチュラリ

スト暮らしを送っています。足もとの持ち場は、鶴見川流域。そこが、地球人をめざす、私の修練の現場です。

流域ネットワークの日々

鶴見川は、東京都町田市上小山田の農村地域を源流とし、横浜ベイブリッジに近い横浜市鶴見区生麦で東京湾に注ぐ、一級河川です。新幹線の止まる新横浜駅の北、新横浜プリンスホテルの脇を流れる川、といえばイメージのできる方がいるかも知れません。本流の全長は 42.5km。面積 235km㎡のその流域に、町田、多摩田園都市、港北ニュータウン、新横浜、鶴見などの都市を載せ、170 万人の流域人口を擁する、典型的な都市河川です。

その鶴見川の流域で、1991 年から、鶴見川流域ネットワーキング（TR ネット）と呼ばれる市民ネットワーク活動が展開されており、私はそのメンバー、そして世話人の一人をつとめています。

TR ネットは、流域各地に持ち場を定める 40 を超える市民活動の連携体で、活動の基本は、それぞれの地元におけるそれぞれの団体の日常活動です。暮らしの足もとで私が所属するのは、自宅近くの最源流域を持ち場とするナチュラリストたちのボランティア活動、「鶴見川源流ネットワーク」です。都市河川とはいえ、鶴見川の源流域にはまだ広い森があり、ムササビやオオタカも暮らしています。開発で汚染・破壊が進んではいますが、源流の小川はまだ清浄で、ハヤやトンボで賑わっています。そんな一帯を散策し、自然の調査を進め、付近の都立公園で公開型の自然散策会を運営し、行政と連携しながら源流の泉の広場や、公園内の自然域のお世話を続け、もちろん自然保護の提案もする。そんな活動を進めています。私の担当する現場作業の定番は、泉の管理・清掃作業と自然散策会の支援が中心で、毎月第 2、第 4 日曜は、それらの活動で費やすのが普通です。

上流域にはホタルの育つ谷戸を守る活動を進める団体や、街を貫く流れでイカダ遊びを運営しながら多自然型の川辺改修を進めるグループがあります。中流域は自然観察を続けながら高水敷の子どもまつりを主催する団体や、ウエットランド（川辺の各種の湿地域）やワンド（川辺の低地に入江のようにくい込む水域）再生を工夫する活動、支流に新しい水辺拠点を育てる活動を進める団

体の活動で賑やかです。そして河口域には、川辺再生を軸に町づくりの提案をめる団体や、地元農家と提携する産直団体や、河口の浜辺で自然観察を続ける団体があります。持ち場ごとのそんな日常活動を、流域規模で連携させてゆくのが TR ネットの流儀でもあり、流域企画も多彩です。

　たとえば、年に一度、水系全体に呼びかけてクリーンアップ作戦を展開します。春は、流域の河川管理行政と連携して、自然も大切にする治水の工夫（総合治水）の啓発イベントも推進します。秋には流域のナチュラリストたちに呼びかけて、鶴見川源流祭も実行します。正月には、源流から河口まで2日で歩き切る流域歩きの企画もあります。そのほか、流域のナチュラリスト集団の自然観察会の相互支援、中下流で実行される各種流域イベントの支援等、流域連携活動は多様・多彩で、きりがないありさまです。

　流域規模の自然調査なども、連携活動の一部です。暮れには、流域全域で、冬鳥の一斉調査を行います。春には水系の各地で大規模な水生生物調査のイベントもある。主要なプログラムに参加するだけで、息つく暇もないほどの日程です。

　そんなさまざまな活動を通して、参加者たちは、足もとの地球の配置を学び、自然の賑わいを、観念的でなく体感を通して学び、楽しみ、ケアすべき存在として扱う体験を重ねていきます。丘陵の小さな谷の泉に発する細流が、水田にかこまれたコンクリート張りの川になり、葦原と新横浜のビル群を映す流れになり、やがて横浜ベイブリッジのある海岸に注いでいると、歩いて、ハッキリ分かってしまうこと。オオタカの暮らす森や、丘陵の団地のため池や、大学のキャンパスが、みんな鶴見川の水系で繋がっていると、これも歩いて分かってしまうこと。流域クリーンアップの日に、ゴミだらけと見えた岸辺が実はクロベンケイガニの里であると分かってしまい、ゴミ拾いの土手の小道でトノサマバッタの産卵シーンに遭遇し、ひと休みの時間に、カワセミやアオサギの姿を発見したりしてしまうこと。川歩きやイベントの日々を通して、私たちは、足もとの地球の様相や、共存すべき生きものの賑わいを、日々、再発見しています。

　そんな TR ネットの活動の成果として私が注目するのは、足もとの大地の地図の共有が急速に進んでいることです。鶴見川流域ネットワーキングは、行政区分に基礎をおく活動ではなく、自然の刻んだ流域、つまり雨水が鶴見川に流れ込む大地の広がりそのものを共通地域とする活動です。その活動の中では、横浜市民や、町田市民である前に、私たちは鶴見川の流域に暮らす市民である、

鶴見川流域人であると感じてみよう、そんな自覚が励まされています。

　鶴見川の流域は、面白いことに外形が水辺の動物、バクの姿に似ています。流域活動を進める市民たちはそのイメージを大切にして、あらゆる機会にバクの姿を活用し、共通の暮らしの領域として鶴見川流域の存在をアピールしているのです（図）。おかげでバクは有名になり、バクの流域の鼻先にはオオタカやハヤの暮らす源流があり、中流にはアユのすむ流れや支流源流域の見事な谷戸があり、右足先に当たる河口にはハゼ釣りで賑わう貝殻の海岸がある、恩田川も早淵川も矢上川も別々の川ではなくみんなバクの姿の流域を形成する水系仲間であるなどと、流域の基本的な自然配置も、そこそこに知られるようになりました。

　流域生態系の概要が理解されるようになるにつれ、洪水を起こす悪者（？）は実は川ではなく、森や田畑をどんどん市街地に変えてしまった都市計画かもしれないと、流域人は悟りだします。汚染とゴミの川という様相は、川そのものの責任ではない。流域の家庭の暮らしや流域市民の環境意識そのものが原因だ。洪水も汚染も、流域の無思慮な開発や野放図な暮らしにこそ原因あり、という当たり前の事実にようやく実感が伴ってくるのも、川歩きや川掃除のあと、というのが現実です。

　流域という広がりを共通地域として、尊重すべき地球の配置や、水循環を介した生態系の制約が足もとから鮮明になってくる。それも個人的にではなく、ある種の萌芽的な地域文化として、鮮明になりはじめている。そんな実感が鶴見川にはあるのです。

鶴見川の流域はバクの姿に似ている

生きものの賑わいへの感受性にも変化があると思います。ゴミと汚染と洪水の川と決めつけていた鶴見川に、実は、ハゼや、アユや、カワセミや、鴨たちや、素敵な野草の賑わいがあるという発見は、新鮮な感動を呼んでいます。川辺ばかりでなく、流域に散在する雑木林や谷戸にも、なお驚くほど見事な生きものたちの賑わいがあると、参加者たちはさまざまな機会に再発見しはじめています。自然の賑わいに関するそんな再発見が、ネットワークの日常的な会話を賑わし、流域の自然を詩う心（たとえば『鶴見川のうた』）を育て、暮らしの足もとから自然の賑わいを保全・回復してゆこうという意欲のようなものを励ましはじめているように、思われます。

　TRネットは、川への関心や愛着を手がかりに、流域の地図を共有し、自然や町の再発見を進め、安全・安らぎ・自然環境重視の地域文化をめざそう、という理念を掲げる地域活動です。流域という大地の構造を手がかりにして、足もとに現われる地球の様相を再確認し、生きものの賑わいを再発見し、その広がりの中に地球親和的な地域文化を育てようとする、流域学習コミュニティー。そういってもよいのかもしれません。

　とはいえ活動への参加者は、世話人仲間が30人足らず、ボランティア活動に係わる流域市民が数百人、流域はバクの姿と広報するイベントに参加してくださる市民が、たぶん年間で延べ1万の規模にようやく届いたレベルでしょうか。流域人口170万人の規模にくらべれば、まだほんの一部というのが実状でしょう。

　しかし、休日の川辺を中心に展開されるさまざまなボランティア活動や、調査、探検、そして遊びのような活動を通して、鶴見川流域という地球の一角に、地球人への修練を励まし、地球人の地域文化を工夫する小さな実験地域が、確実に育ちはじめているのかもしれないと、私は感じているのです。足もとへのデビュー、共存すべき自然の賑わいの再発見、足もとから広がる地球自然への愛着、そしてケアへ。そんな過程が、流域という大地の広がりを共通の地図として、動きはじめているのだと、思っています。

生態―文化地域主義のビジョン

　鶴見川流域ネットワーキングのそんな体験を参考にしながら、問題をやや一般化して考えてみたいと思います。地球制約の中で、自然の賑わいとともに安

らかに暮らしてゆける関心や行動様式のようなものを常識とする未来の地球人の文化は、どんな特徴を持つものか。それが課題です。

　私の考えでは、未来の地球人の文化は、地球大の環境問題に全能的に対応する単一で均質な地球文化のようなものにはならないだろうと思います。地球の制約や自然の賑わいを体感をもって把握し、共通の会話に乗せ、共同して保全してゆくことのできる文化は、生身の人間の等身大の対応能力によって、地域的な広がりが限定されざるを得ないもののように思われるからです。日々のボランティア活動の体験からいえば、面積235km²の鶴見川流域という地域でさえ、すでに十分に広い領域です。連携活動を支える制度や技術（たとえばインターネット）が飛躍的に向上しても、足もとに現われる地球の広がりとして私たちが親しく対応できる領域は、その10倍、100倍というような規模にはなりそうにないと、思うのです。

　この直感が妥当なら、地球人を育てる未来の文化は、地球親和的な、等身大の地域文化の階層的なネットワークのようなものにならざるを得ないと思われます。この場合、単位となる地域は、区、市、都道府県のような、従来型の行政地域であってよいのかもしれません。しかし、私は、あえてそうでない工夫が必要であると思っています。正確にいえば、従来型の行政地域を単位とする地球親和的な地域文化づくりと同時に、もっと環境思考の純度の高い、別の地球親和的地域文化づくりが、工夫されてよいと思うのです。

　そこで基本的な地域として選ばれるのは、行政区画ではなく、地球が自ら刻んだランドスケープ（山野河海）がよいと思います。地域の地図を共有することがそのまま足もとの地球の様相を共有することになるような自然的な地域、ということです。しかも、できることなら、ある地域は丘陵、別の地域は流域、さらに別の場所では平野、などと不揃いにならないほうが都合がよい。地域間の連携や、引っ越しの可能性を考えれば、ある場所で修練され、体得された地球親和的な関心、行動様式、文化の内容が、別の地域の課題を考えるのに有効に応用できそうなのは、とてもよいことだからです。

　私たちの国で考えるなら、流域という大地の構造がよい候補です。日本列島は川の国です。数万本の川に対応する数万の流域が、ジグソーパズルのピースのように、列島の大地を埋めています。その一つ一つの流域生態系に対応して、地球の制約や、自然の賑わいを学び直し、それらと共存する日常的な工夫を進

める流域文化のようなものが育ち、既存の行政区分に立脚する政治・経済・環境政策に地球親和的な影響力を行使してゆく、というビジョンを、提案したいと思うのです。

　行政区画ではなく、大地の刻む自然の領域に共通地域を定め、そこに地球親和的な地域文化を育ててゆくことによって、持続可能な未来への工夫を進めよう、というビジョンを、私は仮に、生態文化地域主義、と呼ぶことにしています。鶴見川流域ネットワーキングは、その共通地域を、流域という大地の広がりに定める、流域思考の生態文化地域主義の試みなのだ、と思っています。

ナチュラリストの休日は地球語を学ぶ学校である

　生態文化地域主義のビジョンは、足もとの自然の賑わいを、共存すべき親和的な存在として日常的に感受・認識できるような個人的な能力の育成と、いつも呼応するものとして構想されています。実はそんな能力に注目すること自体が、たぶん、新しい課題です。その課題を整理して、話を閉じたいと思います。

　産業文明を運転する有能な市民になるために、私たちに必要とされている伝統的で、基本的な常識、あるいは能力が、三つあります。一つは文字や言葉を操る力、英語でリテラシーと呼ばれる能力です。もう一つは数字や科学・技術を巧みにこなす能力で、ニューメラシーなどと呼ばれることもあります。それからもう一つ、外してはいけない能力に、社交性があります。言葉や数理や技術を扱うのは上手だが、人と協調して行動できない、という人は、産業文明を支える市民として、有能な仕事を果たすことができません。というわけで、学校でも、地域でも、会社でも、私たちは、読み書き・そろばん・社交性の修練に、涙ぐましい努力、強迫的といってもいいような努力を払うのが日常なのです。

　しかし、考えてみればこれらは、どれも人工的なシステムや、人を対象とした能力です。自然の賑わいとともにある持続可能な未来を開くために必要な資質・能力は、これら三つの力の組み合わせで、はたして育つものなのでしょうか。

　それは、無理、というのが私の考えです。大地に広がる山野河海を、共存すべき親しいものと感ずるためには、山野河海と親しくつき合う暮らしが必要です。ともに暮らす生きものたちが鮮明に、親しいものと感じられるためには、野生の生きものたちの賑わいとの親和的な交流が必要です。自然の賑わいとと

もにある持続可能な未来を実現してゆくためには、言葉や、数字や、人間と親しくつき合う能力ではなく、山野河海や生きものの賑わいと親しく交流できる別の資質・能力が、たぶん必須なものであろうと思われるのです。仮にその能力を、〈自然との社交性〉、あるいは〈地球度〉とでも呼ぶことにするなら、地球人の文化の形成は、個人におけ地球度の向上と関連するということになるでしょう。

　読み書き・そろばん・社交性の修練にひたすら没頭してきた前地球人である私たちにとってそれは、たとえてみれば、新しい言語（地球語！）を学ぶのとおなじような課題なのかもしれないと思うことがあります。環境に関する哲学・倫理に通じ、環境危機の科学に通じ、環境市民活動のネットワークづくりに通じる、というような、修練ばかりではどうにもならない能力や感性が、ここでは問題なのかもしれません。その学習は、私たちが母語を学んだのとおなじような素朴さで、足もとに広がる山野河海や、生きものの賑わいと交流し直すこと抜きに、育つはずのないものなのかもしれません。

　前地球人の暮らしの拠点は産業文明の都市域です。その都市の真ん中で、自然との社交性を育てていく、わが身の地球度を向上させてゆくのだとすれば、都市の中の豊かな自然は、いわば〈地球語〉を学ぶための、何者にも代え難い遊び相手であり、先生なのかもしれません。都市の暮らしの勤務時間は、読み書き・そろばん・社交性の修練と駆使で、過酷に埋め尽くされています。ナチュラリストたちの休日は、そんな日常の中で地球人を育てるための、つまり〈地球語〉を身につけるための、文明史的な学校なのだと思います。

【参考文献】

鶴見川流域ネットワーキング『つるみ川流域ウォーキングガイド』1996年、230クラブ新聞社

鎌田信勝「鶴見川のうた」1996年、230クラブ新聞社

網野善彦『日本史の視座』1990年、小学館

岸由二『自然へのまなざし』1996年、紀伊國屋書店

岸由二編『いるか丘陵の自然観察ガイド』1997年、山と渓谷社

初出：（財）余暇開発センター編『都市にとって自然とは何か』人間選書213、農山漁村文化協会、1998年、pp.49-70

6. 都市の地球化と〈世代の緑地〉

都市再生の時代

　世紀が改まって以後、わが国の未来論議の中で、都市再生がにわかに大きな
テーマとされるようになってきた。目下の再生論議の足元の光景は、産業配置
の激変をともなって国の内外に広がる都市間競争の現実、人口減少、高齢化の
展望、防災、水と緑の再生等々の具体的な諸課題である。それらを俯瞰する一
般的な構図は、一方に利便・安全・競争力の向上に集約されるようなコンパク
トシティーの指針をおき、他方に水と緑との共生をうたう2つの焦点をもつ再
生ビジョンと言って、大きな誤認はないだろう。

　しかし、そんな都市再生論の動向をさらに遠近透視してみれば、1992年の
地球サミットを象徴として、前世紀末以来文明視野の課題として明確に登場し
てきた、地球環境危機への文明的な配慮が、遠景にくっきり広がっているのも
また言うまでもないことであるように思われる。その遠景への連動を軸にして
再考するのであれば、都市再生の焦点について、都市の果たすべき新しい機能
について、私たちはさらに根本的、原理的なテーマを取り上げることもできる
のである。

地球環境危機と都市の機能

　人類は、直立二足歩行の400万年の歴史の末に、正真正銘の地球環境危機の
時代を生きはじめている。数百万年の歴史のほとんどを覆う採集狩猟の文明、
それに続く森と農業の暮らしをへて、人類はいま、科学技術を基盤として巨大

な商品生産を軸とする産業文明を生きる。この文明は、ヨーロッパにおける産業革命からかぞえてまだ300年にも満たない幼児期にあるにもかかわらず、人口、資源消費、廃棄、自然環境破壊の諸領域において倍々ゲームの拡大を続け、その活動規模は、20世紀末にいたって早くも地球という惑星の資源・環境・自然の諸制約そのものと大きな摩擦を生じつつある。危機の緊急性、切迫性に関する詳細論議はおいて、その摩擦の解消が21世紀文明の最大課題の一つとなるであろうことに、強い異論はないだろう。

　1992年ブラジルのリオで開催された地球サミットは、そんな巨視的な認識に、世界の政治指導者たちが共通の配慮を始める儀式でもあった。制約ある地球の枠組みの中で、産業文明をいかに方向転換し、〈自然と共存する持続可能な文明〉を開いてゆけるか。地球環境危機の時代の、文明的な課題、と言うべきである。

　その転換の焦点は、熱帯雨林や、巨大農耕地にあらず、先進国の都市であると、私は考える。企画・計画し、調整し、暮らしのモデルを発信する都市は、産業文明のエンジンである。であればこそ、都市化の進行は、自然と共存する持続可能な未来への道のりにおいて否定されるべしとする暴論もある。しかし地球人口の過半はすでに都市市民となり、なお都市は拡大中だ。Homo sapiensは、安全、仕事、衛生の確保される都市が大好きである。その基本性格を否定せず、発信されるべき暮らしのモデルに文明的な転換を加えてゆくことこそ、都市の新しい文明的な機能となるべきであると、私は考える。都市は、その日常的な活動の基本において、文化や暮らしの深部において、自然と共存する持続可能な産業文明のモデルを工夫し、発信する新たな機能を果たしてゆけるよう、再生されてゆかなければならないだろう。思想、企画、調整機能、暮らしのスタイル等々の全領域にわたるであろうその転換を、私は〈都市の地球化〉、あるいは、〈都市の暮らしの地球人化〉などという表現で象徴しておくのが良いと、考える。

〈都市の地球化〉あるいは〈都市の暮らしの地球人化〉

（1）　空間の地球化
私見によれば、都市の地球化は、都市の構造・活動を規定する基本的な枠組

となるであろう、空間、共存者、そして時間の3つの領域における地球化を伴い、また、それらの地球化によって支えられ、促されるものである。

　空間の地球化は、なによりもまず都市にかかわる様々な計画における空間枠組みの地球化という志向性として現れるだろう。産業文明の準拠枠となる空間は、大地の模様を捨象したデカルト空間、人工的な行政空間を優先させる。それは、地球制約を本質的に内在させることのない均質無個性の枠組みである。その枠組みを、地球制約の観点から、あらゆる可能な場面において相対化する必要がある。手がかりは、河川、丘陵、流域、海岸などといったリアルな自然ランドスケープの枠組みであろう。都市におけるあらゆる空間的な計画において、可能な限り、自然ランドスケープ、あるいはその階層的な構造を参照枠組みとしてゆくこと。これを、都市の地球化の第一の指針としたい。

　現行の都市の諸計画は、大地の模様の鮮明でない行政区画や、中心市街地に発する同心円配置、あるいは既存の土地利用や基本交通網の配置を枠組みとして推進されるのが普通である。基礎自治体の都市計画図が、広域に広がる丘陵や流域の配置をものの見事に分断している事例を枚挙するのは、いとも簡単なことである。そのような現状に、行政区画とは別の自然ランドスケープ（流域、丘陵、台地等々）の配置を枠組みとする諸計画を対置し、浸透させ、広げてゆくこと。農村であれ、都市であれ、地球制約は何よりもまず足元の大地あるいは生態系の個性ある都合、必然、可能性として現れるのである以上、それは都市の地球化における必然の方向と言うべきなのである。

　日本の都市の諸計画の一部には、幸いなことにランドスケープを参照する普遍性を備えたモデルも存在し、また先進的な試行も積まれている。普遍的なモデルのひとつは、治水管理を軸とする河川管理・河川計画の分野における、流域思考である。流域は、雨水のあつまる範囲と定義される大地の領域であり、自然ランドスケープのモデルともいえる空間である。

　浸水被害から都市をまもる計画、水質悪化から都市を回復させる計画等々は、課題の定義そのものからいって行政区画を計画枠組みとして合理的に推進できるものではなく、水循環の大地における基本枠組みである〈流域〉という自然ランドスケープを選択肢とするほかないのである。この認識を基礎に、一部の都市河川流域で実施されてきた、いわゆる総合治水対策は、ランドスケープを枠組みとする都市の計画のモデルと言ってもよい性格をそなえている。治水を

基本とする流域計画をベースとして、さらに自然の保護、防災、地域再生など
の諸課題を総合する先進的な流域計画も各地で試行されはじめている（たとえ
ば「鶴見川流域水マスタープラン」を参照してほしい）。また、現状ではなお
研究領域限定ではあるが、内閣府主導による重点分野として、「自然共生型流
域圏・都市再生」などという試みも勢いをえつつある。2004 年、都市再生プ
ロジェクトの一環として策定された「首都圏の都市環境インフラのグランドデ
ザイン」は、首都圏領域を対象地域として、自然の重点地域の抽出を進めたも
のだが、その成果を受けた地域計画のひとつとして神奈川県がとりまとめた「三
浦半島公園圏構想」は、流域ランドスケープの複合された丘陵・半島の枠組み
において総合的な自然の保全・活用を目指した枠組み計画として注目されてよ
いものである。

（2） 共存者の地球化

　都市の地球化を推進する第二の原理的な軸は、都市の暮らしにおける共存者
の地球化とでも言うべき次元であろう。都市における暮らしの共存者感覚は、
経済的な主体として競合・連携する機能的・等質的な同時代人への収斂を基本
として、すでに地縁・血縁的な共存感覚をとおく離れはじめ、他者との共存の
手触りある具体的な感覚そのものの喪失を招来しつつあるようにも感じられ
る。ここ 10 年来、筆者は、授業の機会を利用して、学生たちに向かって、お
りおり、「だれと暮らしていると感じるか」という問いかけをする。回答は様々
だが、最近、「家族と自宅に」、「マンションでペットと」、「一人で下宿に」といっ
た答えが急増している情況を、私は深い危機感をもって凝視している。
　共存者の地球化は、このような傾向を相対化し、足元に開かれる地球・地域
を基盤として、新しい地域コミュニティーの感覚、同じ地域を暮らす過去、現
在、未来の市民を都市の共存のコミュニティーに回復する努力、さらにはペッ
トばかりでなく、都市を住処とするあらゆる生きものたちの賑わいや自然の拠
点まで、共存すべき親しい存在としてゆく新しい方向を探って行くのでなけれ
ばならないだろう。都市における地域コミュニティー再生の様々な努力、地域
の自然を守り回復する多彩なこころみは、共存者の地球化をすすめるという原
理的な視点から、21 世紀の都市再生の基本課題、都市における諸計画の本質
的な要素として評価されてゆく必要があると考える。

（3）　都市の時間の地球化

　第三の領域は都市の時間の地球化である。都市の時間は、時計の時間としてますます等質化され、人為的に単位化され、地球や生命や生活史のリズムと引き離されつつある。都市を再生する先端的な諸計画の現場には、しばしば、人生も、季節も、地史も存在せず、ひたすらに等質で予測・計測可能なものとしての時間が支配している。そのような時間を、生命や、季節や、地史等の個性ある時間によって相対化し、都市におけるあらゆる計画のもうひとつの時間として工夫し、発信してゆかなければならないと考える。

　災害をもたらす天変地異のリズム、温暖化の時間は、数十年、数百年のスパンにおいて、忘却されることなく、都市の諸計画に組み込まれてゆかなければならないだろう。極端を言うなら、完新世を生きる日本国の沖積平野の諸都市は、数千〜1万年の氷河期のリズムを意識した都市の計画を共通のテーマとしても、決して悪くはないのである。

　時間の地球化においてさらに緊急かつ深遠な課題は、継起する人の生涯の時間を、都市の計画のなかに内部化してゆくことであろう。人は都市の人工的な空間と時間の中に生まれると同時に、大地の上、季節の中に生まれ、育ち、次世代を育て、未来を支える方式で老い、埋葬されてゆくべき動物であると、私は考える。自然と共存する持続的な文明を発信する都市は、そのような時間の流れと香りを、総体として引き受ける構造、土地利用、都市機能を備えるホモサピエンスの棲家（ハビタット）として、再計画されてゆくのでなければならない。

　子どもたちには足元の地球を自由に遊び味わう空間があり、青年や大人たちには大地の時間と交流しながら持続可能な未来を目指して生き生きと学び働く新たな場所が開かれてゆき、老いてゆくものたちには、次世代や未来の大地を思いつつ過ごす安らかな場所があることを当然とする都市。たとえば、近未来の日本列島における地球人の都市は、埋葬への文化固有の配慮やエトスや出費をもって、都市に残された緑や農地を大規模に守り、大地に学ぶ次世代を地球の子どもとして育てる遊びや探検を支えるようなメカニズム（そのようなメカニズムを私は、〈世代の緑地〉と呼ぶことにしたい）の設定を、都市の基本機能とみなすような場に転じてゆくこともできるのではないか。以下、この論点に限定して、統合的な論議を試みておくことにしたい。

世代の緑地―地球都市の未来への埋葬というビジョン

　都市の計画における、ランドスケープの重視、まとまった自然の保全・活用、誕生・成長・老いそして死にいたる人の生活史の回復といった課題は、統合の可能性を秘めながらも、現実の都市においては個別の課題として取り扱われ、それゆえに頓挫してゆく場合も多い。これらを統合する具体的な工夫のひとつとして、以下、都市における埋葬にかかわる文化の変換を軸とした、〈世代の緑地〉ビジョンにかかわる試論を、提示しておきたい。

　人口減少を展望した都市機能の中心地域への集中（コンパクトシティー化）は、その相補的な現実として郊外地域における都市機能あるいは開発動向の縮退という動向を引き起こしている。この動向の中で、これまで大開発の予定地とされてきた市街化調整区域等の大規模な農地や緑地の扱いが、各地で宙に浮きはじめている情況がある。大開発を期待したゆえに農業活動は衰退に向かい、緑地の管理・活用は先送りが続き、にもかかわらず待望の大規模開発が中止され、コンパクト化する都市に取り残されてゆく緑の領域は、単純素朴な都市市民たちから自然との共存への夢をなおロマンチックに期待されつつ、管理・活用にかかわる資金・人材を確保することもできないまま、荒廃に瀕するといった現実が広がっているのである。〈世代の緑地〉は、縮退する都市によって取り残されてゆく〈懸案の緑地域〉を自然との共存をめざす都市再生の、起死回生の場ならびに機会とするビジョン、埋葬にかかわる工夫をもって都市の自然を保全・管理・活用する基本資金の調達を工夫し、これを力として保全・管理・活用のための組織、人員、施設、制度などを工夫してゆこうというビジョンである。

　このビジョンは、自らの埋葬にかかわる相当額の資金支出をもって、都市における大規模な緑地の保全・管理ならびに次世代育成のための空間・施設・機会を支える力とすることに同意する多数の都市市民の未来志向によって牽引される。墓地をともなう埋葬は人口集中を基本とする都市にとっては難題中の難題である。都市市民が、都市内への埋葬を個人的な空間の永続的な独占の形式において希望しつづけることは、都市的な土地利用の自己否定となり、空間占有の原理からいって不可能というしかない。しかし、埋葬の形式を、期間限定的かつ小規模な墓地形式の個人的埋葬とその後の共同埋葬方式とすることがで

きるなら、難題の基本は解消される可能性が高い。私たちは、都市の領域に一定の期間にわたって個人的な墓地の形式をもって埋葬されつつ、その後の共同埋葬への移行（ならびにそれに伴う共同墓碑への氏名・没年等の記銘）を了解することで、有限な空間を後続の世代の埋葬に引き継ぐことが可能となる。この形式が順調に継続するなら、都市の新たな埋葬地は、つねに一定期間の個人墓所の形式を確保しつつ、規模拡大を回避し、しかも基本年限ごとの埋葬管理にかかわる新たな、可能性としてはかなりの規模の収入を、永続的に確保してゆくことができるであろう。

　そのような形式の埋葬を都市における〈懸案の緑地〉の拠点地域に設置することができ、これを管理する長期経営資格をもつ主体が同時に周辺の緑地、施設、農地等の広域的な管理・活用の主体をかねる制度（法制を工夫すれば私有地をも広域に含む地域について地域計画に類する諸計画が可能なはずである）を工夫することができれば、埋葬地に名を刻む人々は、四季折々に自然をもとめて散策する市民や大地の緑のなかで遊び育つ子どもたちを緑の大地をもって祝福し、また散策する市民や子どもたちの喜びによって追悼・感謝されることになるだろう。さらに、追悼される人々に由来する資金を活用した様々な事業は、緑・安全・教育・福祉等の分野を通して、志と技能をもって都市の地球化をささえようとする若者たちの雇用を確保してゆくことだろう。都市市民の埋葬は、そのような緑のメカニズムを通して、都市に生きつづける過去・現在・未来の世代を繋ぎ、都市の地球化を促し支える資金、人材、文化の供給源となってゆくことができるのではないか。

　森をめぐり小川をたどって終日を遊びに没頭する子どもたち（……都市の暮らしの縁だけで結ばれた子どもたち……）に追悼され感謝されるであろうことを、未来への大きな希望として、世代の緑地への相当額の支払いのある埋葬を希望する都市市民たちの文化。環境危機の時代の日本列島先進都市の市民たちは、必ずや、そんな文化を支持する潜在的な力をもっているように、思われるのである。

　もちろん大懸案はいくつもある。たとえば、世代の緑地システムの百年を単位とするような長期合理的経営を担当する主体を、はたして私たちの社会は合法的に設定することができるだろうか。はたして私たちの都市は、都市の中に永続する大規模な共同埋葬地を公共的領域として設定することを忌避せず、肯

定する新しい文化を速やかに生み出してゆくことができるだろうか。前者は永続型の公共の経済にかかわる根本的な課題を提起し、後者は、埋葬を穢れとして忌避する日本国都市市民の日常に、あらためて根本的な文化的課題を提起してゆくことだろう。自然と共存する持続可能な未来を牽引する都市を、この列島に開いてゆくためにまず必要なことは、環境危機にかかわるあれこれの表層的・定量的な論議なのではなく、実は経済や生死の公共性にかかわるさらに根本的な文化的省察なのではないか。その隘路を突破すれば、未来の地球の都市に遊び育つ（血縁の有無にかかわらない）子どもたちによる追悼と感謝を大きな希望として、未来のための埋葬への特別の出費を選択する市民は、私たちの隣人の中に、すでに十分な数待機しているようにも思うのである。

ひとつの統合モデル

　しめくくりとして、日本国における都市再生論の現状を踏まえ、世代の緑地のメカニズムを一つの推進力として、都市の地球化にかかわる以下のような地域的ビジョンを描くことが可能である。

　計画の枠組みは市街化厳しい都市河川の流域。流域視野の治水・防災計画、自然環境の保全・活用計画の中に、源流の保水地域に広がる農地・緑地を枠組みとする源流自然公園の構想が組み込まれ、その推進のための基本メカニズムとして、〈源流・世代の緑地〉が設定される。保水の森の丘には、期間限定型個人墓地・共同埋葬方式のメモリアルパークが設置され、緑濃い谷間の一角のビジター施設は、法事・慶事の場所となり、流域ツーリズムの拠点となり、子どもたちの季節の学習と散策と、都市に賑わう生きものたちとの喜び深い交流の拠点となり、また源流に広がる緑農地帯の保全管理や、水系全域に広がる防災、自然学習活動のお世話をするインストラクターや学生ボランティアたちの仕事の基地ともなるだろう。四季折々の源流の賑やかな祭りには、源流の緑を支え、都市の地球化を支える未来への埋葬を選択した流域の先人たちへのやさしい感謝の祈りがある。〈利の追求あれど、人は詩的に、地球を生きる〉（ヘルダーリンの語句、Foltz をみよ）。都市市民の新しい埋葬が、日本列島の流域都市群に、そんな詩を開く時代が到来しても、良いのではないか。

【参考文献】

『都市再生ビジョン』：社会資本整備審議会、2003
『自然へのまなざし』：岸由二、紀伊國屋書店、1996
『流域圏プランニングの時代』：石川・岸・吉川編、技報堂出版、2005『首都圏の都市環境
　　インフラのグランドデザイン』：自然環境の総点検に関する協議会、2004
『三浦半島公園圏構想』：神奈川県企画部、2006
地球暮らしのための都市再生へ：岸由二、「建設マネジメント技術」、2004・2月号、巻頭
流域とは何か：岸由二、「流域環境の保全」木平編、朝倉書店、2004
Inhabiting the Earth：B.V. Foltz, Prometheus Books, 1995

初出：『公共研究』第 3 巻第 4 号、千葉大学公共研究センター、2007 年 3 月、pp.88-97

7. 環境危機と地図の革命・革命の地図

1. はじめに

　温暖化の危機といい、生物多様性の危機といい、地球環境危機は、ヒト社会の、地球への、文明的な不適応の現れというほかない。進化の歴史をふりかえれば、人類は、草原や森林を活動世界とした採集狩猟の文明、農牧地を活動世界とした農業の文明をへて、いま、都市を活動中心地とし科学技術の支えを軸とする産業文明の時代を生きつつある。20世紀末以来、その産業文明が、地球生態系の制約や可能性の現実的なスケールを尊重しえない規模に達し、〈自然と共存する持続可能な産業文明〉への転換、環境革命[1]ともよばれる文明転換を余儀なくされているのである。本論は、その転換の要に地図の問題、地図の転換の問題があると考える。危機の要に位置するのはどんな地図か、新しい文明を開くたよりとなるのはどんな地図なのか、スケッチをこころみる。

2. 文明と地図

（1）　狩猟採集文明

　450万年前、アフリカ大陸の一角で直立二足歩行をはじめたヒトの祖先は、進化史の99.9%の時代を採集狩猟動物としてすごしてきた。〈採集狩猟文明〉とでも呼ばれるべきその文明の暮らしを支えた地図は、大地の凹凸を基調とす

る山野河海・自然ランドスケープの地図であるほかない。日々の暮らしの食料調達という切実さに視点をおけば、事態は疑いの余地がない。足元からひろがる森や水辺や草原の広がり、そこにすまう多様な生物に関する情報のもられた自然ランドスケープ地図の詳細を我がものとすることなしに、採集狩猟動物としてのヒトは、一日として生きることができなかったはずである。

その〈採集狩猟文明〉は、長大な歴史時間を継続したにもかかわらず、地球規模の不適応には至らなかった。局所的にどれだけ激しい自然破壊をもたらしたとても、採集狩猟活文明の活動規模は、地球規模でみればあまりに小規模なものであり、地球レベルの不適応を論ずる対象となりえるものではなかったと思われる。

（2）　農業文明

〈採集狩猟文明〉を継いだのは〈農業文明〉とされる。農業文明の暮らしを支えた地図は、農地の管理や、副業としての採集狩猟が自然ランドスケープや水循環系の詳細な知識を前提としてはじめて可能であったという意味において、採集狩猟時代の地図と同様、大地の凹凸を基調とする山野河海・自然ランドスケープの地図であったに違いない。しかしその地図は、農業・牧畜の規模が拡大されてゆくにつれて、人工的に改変された大地の秩序、日々の農耕・牧畜の世界をめぐる人為的境界設定や土地所有の人工的空間秩序、さらに大規模な貯穀を梃子とする都市的世界の構造を、徐々に中心化してゆく変容をたどったに違いない。方形配置を貫く条里制の空間構成は農業文明の成果であった。

局所的に大規模な森林破壊や土壌劣化など生活基盤破壊をおこしたものの、1万年をこえるその文明もまた、地球大の環境撹乱にいたったものではない。農業・牧畜を暮らしの基盤とするその文明は、地球規模での不適応に達する以前に、次の文明である産業文明に転じてしまった、あるいは産業文明に大きく組み込まれてしまったからである。

（3）　産業文明

〈農業文明〉を継いだ〈産業文明〉は、科学技術を基盤とし、動力を利用し

た商品の大量生産・大量販売・大量消費を基本とする文明である。

　その文明は、地球生態系の生みだす豊かさを、日々の必要に応じて直に生活の糧として採集し狩猟する文明でなく、また地球生態系の生み出す土壌や水を必須の基盤として栽培・飼育生物を手段として豊かさを生み出す文明でもなく、生物・鉱物・空間の別なく地球のすべてを資源化しつつ、人工的な施設においてそれらを加工・改変し、社会・産業システムや日々の暮らしに必要な〈商品〉として地域に、世界大に流通させ、倍々ゲームのような拡大を基調とする脱地球的な活動を展開する文明である。そのもとでもなお、地球生態系の生産を直接の基盤とする漁業を中心とする採集狩猟的な産業や、大地と水と栽培生物をたよりとする農業は重要な活動ではあるが、すでにして商品・金融経済を基盤とする産業文明の脱地球的な枠組のコントロール下にある。この文明において人類は、その進化史上初めて、地球大の規模において、生態系の制約や可能性を撹乱しはじめたのである。

　産業文明は拡大する〈都市文明〉でもある。生産活動を企画・計画し調整する拠点は、採集狩猟の原野でも農地でもなく、一次産業の空間を大規模に排除した人口密集地である都市であり、産業文明の拡大は都市の拡大と同値ですらある。2009 年春の時点で地球社会の総人口は 67 億を超えるが、すでにその半数は都市市民であり、なお都市への集中、都市の拡大が続いている[2]。

　その産業文明の地図の基調は、もはや山野河海、自然ランドスケープ、大地の凹凸を地模様とする地図とは遠くかけ離れ、農牧地の地図ともかけはなれた人工的な都市的空間、あるいは行政組織による人為的な地表分割の地図である。人々の日常の暮らしを支える職業や必需品の調達にかかわる移動だけに注目しても、それを支援する地図には、勤め先や商品購入の場との行き来を指示するために効果的な空間配置・交通配置図があれば足りるのであり、足元から広がる水系や山野河海のランド秩序の地図に、そもそも大きな日常的な需要はない。サイバー空間の拡大、人工的な交通・通信・配送システムの高度化で、都市の暮らしの地図は、物理的なリアリティーとしての空間性自体さえ急速に喪失しつつあるのかもしれない。産業文明の都市の地図は自然ランドスケープの忘却を本質としつつ、さらに物理的な空間性そのものの喪失にさえ向かっているけはいがあると私は思う。

　地図のそのような変容と併走しつつ、産業文明の物質的な規模拡大は、地球

規模に到達した。指数関数的に拡大をつづけた人口、資源利用、生産、消費、廃棄の物質的・複合的な規模は、20世紀半ばにおいて、おそらく30年前後で倍増する拡大速度となり、あらゆる兆候からみて、すでに地球生態系の制約・可能性の規模の限界に到達、あるいはすでにオーバーシュートしつつある。6500万年前の白亜紀大絶滅期をこえる速度で進むかと危惧される生物多様性破壊や、本来であれば既に寒冷化に向かうフェーズにあるはずの地球の平均温度を上昇方向にシフトさせる規模となった化石燃料消費等、採集狩猟文明や農業文明にはありえなかった地球規模の暴走である。この暴走が地球生態系の制約を突破して宇宙空間に向い、なお拡大を継続できるのであれば、そもそも地球環境危機はなく、環境革命は不要である。しかしそうではなく、やはり地球という惑星の生態システムの制約を尊重するほか、人間社会の安全や安らぎはないのだとすれば、地球生態系の制約や可能性への文明的な再適応、環境革命は、不可避である。とすれば、暴走を続けてきた産業文明をいかにして地球生態系の制約と可能性の規模のなかに再定位させるか、あるいは都市文明の基本を否定せずに軟着陸させてゆくか、それが自然と共存する持続可能な未来をめざす〈環境革命〉の課題であるということになる。

　地球環境危機の課題、環境革命の諸課題を明確化し、自然と共存する持続可能な産業文明への歩みを確かなものとしてゆくためには、産業・経済の分野はもとより、科学、政治、制度、地域、教育、芸術・宗教や、個人の価値意識、さらには日常的な言語ゲームから有形無形の地図にまで及ぶ多様な領域における無数の工夫が必要であろう。人間は文化の動物であり、世界のリアリティーは、それぞれの文化の皮膜をとおして始めて把握され、価値付けられ、対応可能となってゆくものである。地球環境危機を深めつつある産業文明を生きる地球社会が、再適応すべき地球という星、巨大な生態系の制約や、可能性を、共同的かつ現実的に把握する未来への道は、それを可能にする地球共生的な文化（生態文化複合）を、総合的に育ててゆく過程でもあると把握しておくほかないのである。

　そう理解したうえで、本稿は、地図という一つの次元に注意を集中してみるものである。地図への注目が、自然と共存する持続可能な未来をひらく文化複合の形成に、大きな貢献をすると、直感するからである。直感のポイントは以下である。産業文明・都市文明の現状の地図は、地球生態系の制約や可能性を、

適切にテーマ化することができない。現代産業文明のただなかで、暮らしの足元から地球生態系の制約や可能性を鮮明にテーマ化することのできる新しい地図（革命の地図）の創造にむけて、私たちには文明視野の、未踏の地図戦略が必要である。以下は、そんな戦略を構想するための覚書のようなものである。

3. 不可視化させる地図とテーマ化させる地図

　地図の革命・革命の地図戦略を推進するうえで、私が必須の項目として銘記すべきと考える第一のポイントは、地球環境危機の課題、共存すべき自然の制約や可能性を不可視化させる地図と、顕在化・テーマ化させる地図があるという事実である。産業文明の都市の人工的な地図は前者であり、後者が採集狩猟文明時代の自然ランドスケープの地図に類似しているであろうことは、いうまでもなく自明であるが、そう確認したうえで、現下の地球環境危機論の話題に即して若干の詳細に立ち入っておくのがよいだろう。

　たとえば、生物多様性の保全・回復をテーマとするためには、多様な生物の生息・生育・繁殖をささえる大地の構造、水系の配置、植生の分布などを分かりやすく表示する地図が必要であることは論を待たない。地球温暖化の生み出す危機の基本である水害・土砂災害・渇水被害の増大を理解し、対応策を検討するには、水循環の地表における基本領域である水系・流域地図が不可欠であることもまた、論議以前の事実である。これらの必要をみたす地図が、自然ランドスケープを基礎とすることは疑いをいれない。

　他方、高次産業における室内的な賃金労働と商品経済を機軸とする現実の都市文明の地図は、描かれたものであれ、心の中の地図であれ、交通、行政区画配置の地図が基本であり、そこには山野河海の自然ランドスケープの配置も、水系・流域の明示もないのが普通である。たとえば都市の土地利用計画にあたっては、平面的な植生マップが参照されることはあっても、自然ランドスケープや水系・流域配置がベースマップとして配慮されることは必須でないのがわが国における法規制の現状である。それどころか、都市の生物多様性保全を論ずる地図の多くさえ、自然ランドスケープの地図を参照させることなく、通常の行政区画地図に、自然ランドスケープや水系・流域の配置から概念的にも切り

取られ要素化・実体化された自然地を、〈里山〉などと称して点在させる奇怪な方式を常態としている。豪雨災害を回避すべき計画図やハザードマップが、水系・流域地図ではなく、通常の行政境界ごとに表示される、信じがたい不思議も、市民啓発向けの地図の領域では、ごく普通の事態といってよい。生物多様性の危機といい、地球温暖化による水災害増大の危機といい、それらの危機の構造を、自然ランドスケープを基礎とした空間配置において市民に提供する日常地図は、まことに少ないのが現実なのである。産業文明の都市の暮らしにおいて、通常の仕事や移動や必要品の購入等の活動に都合のよい都市空間秩序の地図は、共存し配慮すべき足もとの地球の構造を日常的に不可視化することをとおして、環境革命をその基盤において日々阻害しているという他ない。

　超越的にいってしまえば、この状況への対応は簡単である。人口と資源の相関を日常的にテーマ化するなどとまではいわないまでも、たとえば生物多様性の危機を適切に把握し保全回復を促進するために、あるいは温暖化のもたらす水災害危機を適切に察知して健全な水循環を確保するために、わたしたちは、地球の制約や可能性を明示できる、足元の山野河海・水系流域の自然ランドスケープの地図を、通常の行政区画地図、都市の暮らしの地図とおなじように、各種の計画・実践において駆使し、また一般市民の間に流通させればよいのである。個々の課題の領域ではそれぞれにおいて既に自明であるかもしれないこの状況が、なぜ大きく改善されないのか。問題は、ここにこそ、ある。

4.　専門的・機能的な自然ランドスケープ地図

　いうまでもないことだが、自然ランドスケープ地図は、それが専門的に必要とされる仕事の領域では、それなりに活用されており、徐々に注目も高まっているのである。たとえば河川の治水を総合的にあつかう領域では、流域という自然ランドスケープ・大地の地図の登場が、少なくとも国や都県の専門的な事業のレベルではごく普通のことであり、地球温暖化のもたらず豪雨・土砂・渇水災害への適応策の新領域では、流域への注目がにわかに強調されつつある状況もある。また、専門的な領域においてなら、生物多様性保全の分野においても、都市空間地図に点在される里山配置図という擬似自然的形式ばかりではな

く、流域や、丘陵の自然ランドスケープのマップにそった自然拠点配置図がしっかり活用されるケースもあり、これも増加の傾向にあるといって良いだろう。

　しかし重要なのは、多くの場合、これらはあくまで専門家、あるいは行政の個別的な事業や計画にからんだ活用にとどまって、一般市民への浸透度は極めて低く、それどころか行政の総合的な施策決定にさえまだ大きな影響力がないのが現状であるということだろう。自然ランドスケープ地図は、環境危機への専門的・職業的な対応をせまられる専門領域における機能的な活用という状況から、なお大きく踏み出すことがないのである。もちろん一部では、流域を枠組みとした都市再生をめざす市民活動や、これらに触発された学術的な流域都市再生論議などが、かろうじて新しい地平を目指しつつあるというのも事実である。しかし、たとえば地方分権論議の焦点の一つでもある道州制の構想において、自然ランドスケープの上で遠くかけ離れた地域の、ひたすら経済視点に根拠をおく統合論が、笑殺されることもなくまじめに論議される状況などが象徴するように、自然ランドスケープ地図の新しい回復が、地球環境問題を解決してゆく文化的な総合戦略の必須のツール、必須の参照枠組みになるという認識は、総合的な意思形成の政治・文化の領域において、なお絶望的なくらいに希薄であることが、わかるのである。

　突き放して透視的に批評すれば、環境革命の推進に日常的に寄与すべき自然ランドスケープの地図が、専門領域に大きく滞留するこのような状況は、なかなかに危惧すべき展開でもありうるのである。生物多様性の危機にせよ、豪雨・土砂・渇水災害にせよ、事態がにわかに深刻化すれば、通常の都市的な地図による対応の不具合は瞬時に自明になるはずのものである。そのとき、環境危機を適切にテーマ化する自然ランドスケープ地図が専門領域にとどまり、総合的な行政判断の場や、市民生活の日常領域における常識的な地図となっていなければ、危機に対応する決定は、市民参加や非専門性・大衆性をメリットとする首長たちの判断をこえた、技術的専門家・行政官たちによる専断的な緊急対応となってゆくほかないのではないか。地球危機の深化にともなって、そのような専断が重なり、大規模になってゆけば、環境施策は民主主義の基本枠組を、大きく逸脱してゆくほかないかもしれないのである。

　地球環境危機に有効・適切、かつ民主主義的に対応してゆくソフトランディングを実現するためにも、産業文明のデフォルト地図ともいうべき都市空間配

置地図は相対化され、自然ランドスケープの地図が、市民文化において、また総合的な政策文化の領域において再評価されてゆかなければならないのである。自然ランドスケープを基準とする対抗的な地図は、非日常的・専門的な領域における限定的・機能的な活用から、もっと日常的・市民的な領域に、速やかに開放されてゆかなければならないだろう。

　以下、そのような展開を促すための思索や工夫のための枢要なポイントとして、超越的な理解の普及、対抗的な自然ランドスケープ地図の分かりやすさの実現、そして存在論的・発生論的な次元からの暮らしの地図の問い直しということを取り上げてみたい。

5.　超越的な承認

　都市空間配置地図の一元的な文化支配から、自然ランドスケープを基準とする対抗的な地図の並存・共存へという転換は、超越的に是とされる必要があると私は考える。これに関する原論は、都市産業文明の地図は、配慮し尊重すべき地球の制約や可能性を隠蔽する機能を果たす地図であり、地球有限の環境倫理あるいは実利判断にもとづく地球への再適応が文明課題となるのであれば、私たちの基本地図は、共存すべき自然の配置を鮮明にする自然ランドスケープを枠組とする地図へ、あるいは少なくとも都市空間配置地図の事実上のデフォルト状況から、自然ランドスケープ地図との並存状態に移行するほかない、という基本命題に尽きている。地球制約を見失って暴走する産業文明は、生態系の制約を空間的に明示できる自然ランドスケープを枠組とする地球・地域の地図を暮らしの、すくなくとももう一つのデフォルト地図とする文明に、疑問の余地なく転じてゆくほかない。この理解を、いかにして有効に、社会大に浸透させてゆくことができるか。実はその戦略は、まだ基本の基本もあきらかになっていないのかもしれないとしても、その判断自体の超越性は、基本的人権や自然の内在的価値の承認と同じように、強く原理的に支持されてゆく必要があると思うのである。

6. 分かりやすさの実現・流域思考

環境革命の推進にあたって、自然ランドスケープ地図の必要が原理的に理解・承認されたとして、しかしその先に、分かりにくさという大きな困難があるのは事実である。

日常的に流通する都市空間配置地図は、行政的な住所表示に対応する人為的な区画の明確な階層秩序をもっており、形式的にはまことに分かりやすい構造である。他方、水系、流域、丘陵、山地、平地などの多様な要素をふくむ自然ランドスケープの地図は、等高線の秩序を基盤として概略を把握・図示できるとしても、平面的な区画に、異論なく分かりやすい一般的な区画方がさだまっているわけではない。これに慣れていない市民からみれば、自然ランドスケープの地図は、錯綜する等高線の混沌以外のものではない。

これを少しでも明解にするためには、自然ランドスケープの区分に関する一般的な解の追求ではなく、特殊解を活用した工夫が肝要と、私は考える。特殊解の中からあえて分かりやすい方式を選ぶなら、降水が水系にあつまる窪地として定義される流域を採用するのが良いという意見が、国際的にも、国内的にも台頭しつつあり、私もまたその主唱者の一人と自覚している。

流域という地形は分水界に囲まれた分かりやすい構造をもち、内側にむかっては階層的な入れ子配置をしめし、組み合わせ方によって丘陵、台地、平野等、上位の自然ランドスケープを構成できる。それは地表における水循環の基本領域でもあることから、水循環を軸とする生態系（流域生態系）としてのまとまりも大変に分かりやすい。水循環に対応して、水資源の保全確保の単位であり、洪水・土砂災害・渇水など水関連災害を取り扱う単位でもあり、これえらに対応する行政的な事業があるという分かりやすさもある。海・湖に河口を開く独立水系に対応する流域を基本領域とすれば、これらをあたかも細胞のようにして、大地は同型の自然ランドスケープの連接として理解することもできるのである。この秩序は、行政区画を基本として都市を地図化する方式とあたかも同様のロジックで、大地を自然ランドスケープとして階層的に地図化してゆくことを可能にしている。

私の研究室のある慶應義塾日吉キャンパスは、港北区という行政区に属し、

それは横浜市、さらに神奈川県という行政区の入れ子的な階層の一部を構成している。これを図化すれば、明解かつ日常的な都市構造的な地図の中に、私の研究室は位置づけられる。しかしその明解さは、日吉キャンパスが入り組んだ谷構造の構成をもち、生物多様性の地域拠点であると同時に、水災害の敏感地帯であることを、まったく示唆する力がない。

　他方、私の研究室は、流域という視野を基本枠組とした自然ランドスケープの秩序でいえば、まむし谷という小流域の尾根の縁にあり、その谷は松の川という小河川流域の中にあり、松の川流域は矢上川の流域、そしてその矢上川流域は、バクの形で流域市民に親しまれ始めている鶴見川の流域の一部という入れ子構造のなかにある。その鶴見川流域は、多摩三浦丘陵とよばれる丘陵ランドスケープの中央部に位置し、もちろんそれは関東平野、列島本州、そしてユーラシアのランドスケープ秩序の中にある。こちらは最初からおしまいまで地図そのものが水循環や生物多様性の配置そのものである。まむし谷という谷戸の尾根の縁に位置しているということは、それだけで、わが研究室の生態系における位置をさまざまに想像させるものであろう。

　ここに例示した2つの地図の違いは、都市産業文明の配置地図と、自然との共存をテーマ化するのに大いに有効な自然ランドスケープ地図の相違を体現している。そもそも流域という自然ランドスケープは水循環の単位なので、地球温暖化のもたらす洪水・土砂・渇水災害への適応対策は、この枠組で受けるしかない。豪雨・渇水という自然との共存は、行政区画ではなく、流域で推進するしかないからである。生物多様性の保全についても、水系・尾根・谷といった流域を構成する同型の自然ランドスケープ要素にそって、地球の秩序そのままに保全対応を設定し、すすめてゆくことができる。自然ランドスケープと関連のない行政区画の中で、要素論的な自然拠点、里山配置をイメージするような人為性とは、比較にならない整合性があるということになる。

　行政区画の形式的な明解さに迫ることは困難であるとしても、流域ランドスケープを基本単位とすることによって、私たちは、地球生態系の可能性や制約をテーマ化する、十分に実用可能な、わかりやすい自然ランドスケープの地図を用意することが可能であるというのが、私の流域思考の主張でもある。

　付言すれば、わが研究室を包含する生態的な地図階層の一つである一級水系鶴見川の流域は、洪水・汚染・自然環境課題に困難をきわめてきた領域であり、

その総合的な改善にむけて、〈流域水マスタープラン〉と呼ばれる流域統合計画が推進され、これを応援する流域市民活動ネットワークが推進されつつある。流域を単位とした総合的な治水対策の必要を強く理解する河川行政と、流域を単位とした自然ランドスケープ地図をもって危機の流域都市の環境再生をめざそうとする流域市民活動の協働による、流域思考の実験地である。

7. 必要の地図と愛ある地図と

　大地の凹凸を基調とする山野河海、自然ランドスケープ地図の普及にあたっては、必要と愛着の2つの要素に注目しておくことも、重要である。産業文明の都市世界にあっても、生物多様性の回復保全や、水循環の健全、洪水や土砂災害の回避を職業とする部局・企業・個人にあっては、事業の必要が、大地の凹凸を基調とする自然ランドスケープの地図を強く必要とさせ、場合によっては部分的に日常の地図にさえなってゆく可能性があることはあきらかだろう。そこには、採集狩猟生活のハンターたちが、日々の暮らしのために、大地の凹凸を基調とする自然ランドスケープの地図を、心の地図、共同の地図とするのと、個別的・表層的にやや似た状況があると思われる。これを応用すれば、産業文明における賃金労働や暮らしの必需品調達活動の必然からはなれた需要、たとえば、リクリエーションや、ボランティア活動などの余暇領域や、学校教育の現場の地図を、都市空間地図のデフォルト支配から開放し、大地の凹凸を基調とする自然ランドスケープの地図に誘導する工夫も、さほど難しいことではないように思われる。河川水系にそった散歩や自然散策を趣味とする市民活動が、治水管理を仕事とする河川管理者と、水系・流域地図を共有し、共同し、その共同の副産物として、地域や学校や広域社会に大地の凹凸を基調とする自然ランドスケープの地図を普及するというような展開は、大いに好ましい状況であるといえるだろう[3]。

　あらためて自覚されることもまれなのだが、わたしたちの日常は、生活の必需品や必須機会のほとんどは商品として商店で、あるいはインターネット通販で購入できると市民を教化・啓発する、昼夜をとわない猛烈な宣伝広告活動に満ち満ちている。部分的にせよそれと対抗できるほどの活気において、休日の

たのしみはテーマパークやゲームセンターではなく足もとの大地にひらかれた水系・流域にあると広報・宣伝できるのであれば、さらには、たとえばグーグルマップのレイヤーとして、地表全てが容易に流域区分されるような工夫などが同時に実現するのであれば、自然ランドスケープとともに暮らす時間の拡大に、有効な展開があるのは確実だろう。

　しかし、そのような機能的・二次的な必要にもとづく自然ランドスケープ地図の地位向上活動には、それとしておのずからの限界があるようにも思われる。ツールとしての日常的な有用性の次元ではなく、大地の凹凸を基調とする自然ランドスケープに内在的な愛をもつ個人、そんな愛を形にする地域文化による地図戦略の自立的な推進という別の領域がありうるのなら、それにも、大いに注目しておく価値がある。

8.　ヒトのすみ場所感覚はどこにひらかれるのか

　子ども時代を水系や丘陵の世界で遊びきった世代の一員である私は、横浜の大市街地の真中で育ったにも係わらず、山野河海の自然ランドスケープの空間配置を、心の地図のデフォルトとして列島の都市文明を暮らしてきた、という自覚がある。だからこそというべきか、現代の学生たちの、私とはまったく異なる空間感覚、すまい感覚、あるいはすみ場所の感覚に、ときに仰天し、深い感動にとらわれることがある。

　数年前にゼミ形式の自然論の講義に参加したある女子学生は、自然は大好きなのだが、ただしモニターを通してだけといい、やすらぐ暮らしの空間は、衛生と清潔に徹した個室や町並みであると言い切って屈託がなかった。土や水や草木の広がるリアルな自然ランドスケープとの接触にはなんの興味も、愛もなく、しかし、はなはだ模範的な環境派と見えたのである。

　環境革命の地図転換の分野に言及する際、私たちにはしばしば、ヒトの本性的な次元に、採集狩猟時代の適応として、大地の凹凸を基調とする自然ランドスケープの地図（それはしばしばサバンナのような景観への愛着と仮定されたりもする）への深い愛着が眠っている、あるいは潜在していると解釈するロマンティシズムの誘惑にとらわれる。

しかし、進化生物学的な推論からしても、そのような解釈には多分大きな無理があると私は考えている。人間は言語をもって生きる動物であり、幼児期、激しい愛着をもって特定の言語をまなび、それを母語とする。しかし、その母語は特定の遺伝的な誘導によって特定の言語になるものではなく、現存する多様多彩な言語のなかから選ばれるのであり、どの言葉が母語となるかは、たぶん 100％、チャンスと学習によるのである。

　私見によれば、おなじように人間は、信頼し、熟知し、親和して生きる〈すみ場所〉を選ぶ動物なのであり、おそらくは秘密基地やマイナーサブシステンスをともなう探索活動に強い愛をもって繰り出す少年少女期の頃に、わたしたちには未知の学習プロセスを通して、なんらかの特性をそなえた空間を、愛を持って対応しケアする〈すみ場所〉とさだめる動物なのではないか。その学習は、ウグイスが雑木林の藪に、コゲラが朽木のある雑木林に、おそらくは遺伝的に方向付けられて執着するように、特定の外観を持った分かりやすい空間に方向付けられてゆくような学習ではない。むしろそれは、言語学習に似て、学習する個体に、〈すみ場所〉として適切と感受され納得されてしまえば、高度に人工的な都市空間にも、氷原にも、また丘陵がのどやかに伸び広がる日本列島暖帯の流域にも、さらにはゲームセンターや複雑多彩に重層化を極めるサイバー空間にさえ、まったく同様に開かれてしまう可能性のある学習なのではないか [4]。

　誤解をおそれず、思い切って比喩的にいってしまえば、ホモサピエンスの遺伝素質の中には、少年少女期に限定して解凍される（あるいは積分される）すみ場所選択プログラム（あるいは微分方程式）のようなものがセットされており、その展開にあたって幾何学的な人工空間をえらぶパラメーター（あるいは積分定数）が関与してしまえば、都市的な空間配置こそ愛をもって支持される〈すみ場所〉、あるいはデフォルトの地図的領域となるのであり、山野河海に生きものたちの賑わう自然ランドスケープは、まったく疎遠な空間、あるいは資源として、感受されるようになってしまうというような事態があるのではないか。そのようなプロセスが、いま文明の規模で進行しているのかもしれない。本論において私が前提するように、地球環境革命の巨大な仕事にとって、日常の暮らしの地図が重大なツール、要素となるのであれば、実は、その仕事に関与するホモサピエンスたちの心の地図を、環境危機の課題、共存・配慮すべき

自然を適切にテーマ化させるような自然ランドスケープ型の地図として現実化する子ども時代、正しく地球生態系に愛着させるためのしかるべき少年少女期の暮らし方、遊び方、過ごし方があるのかもしれないのである。これは、ホモサピエンスにかかわる進化生物学、進化論的な発達論の領域における科学的探究の課題かもしれないのである。

　以上を要約すれば、環境革命の成否は、哲学や専門科学の精緻な環境論議の領域ではなく、いま私たちの周囲であそび育つこどもたちが、いったいどんな空間において、感動にみちたすみ場所学習を展開しているのか、まさに、その現場のありように左右されてゆくものかもしれないということにでもなろうか。愛をもって環境革命を推進させるホモサピエンスの心の地図は、研究者や技術者の仕事場やPCのモニターの中ではなく、進化的な必然にそった感動（センスオブワンダー[5]）に促されて都市河川の水系をゆき、賑わう生きものたちと遊び、流域探検の小道で感動を積んでゆくこどもたちの心の地図として、日々、形成されてゆくものなのかもしれないと、思うのである。

【註】

(1) L. Brown が 1990 年代に普及させた用語法。State of the World 1999（WWI）など参照。
(2) ヒトは都市的居住が大好きであり、自然と共存する持続可能な文明を目指す環境革命は、これを否定することなく進むのでなければ成功しないと、私は考える。
(3) 鶴見川の流域では、バクの形をした流域地図の共有という方式で、そのような状況が部分的に達成されつつあるようにも思われる。
(4) 丸田一の『「場所」論』は、ウェブ空間にすみ場所が開かれてゆく劇的な光景を述べつたえている。
(5) センスオブワンダーは、R. カーソンの自然論のキーワードだが、多くの場面において五感教育における感動程度に受け取られている。しかし、論議の生物学的、あるいは宗教的な文脈からすれば、それは、ヒトの本来のすみ場所である足もとの地球あるいは神の創造した世界への深い学習を誘導するための、進化的に基礎付けられた、あるいは宗教的に基礎付けられた誘導、恩寵、あるいは報いと解釈されるべきもののように思われる。*Sense of Wonder*: R. Carson 1954 を、原文で参照すること。

【参考文献】

岸由二（1996）『自然へのまなざし』、紀伊國屋書店
SOBEL, David（1996）　*BEYOND ECOPHOBIA*, The Orion Society
（邦訳：『足もとの自然からはじめよう』岸由二訳、2009、日経 BP）
岸由二（1999）自然との共存を主題化する時代、慶應義塾大学経済学部編『新しい共生の

空間』所収、pp170-191、弘文堂

岸由二（2002）流域とはなにか、木原勇吉編『流域環境の保全』所収、pp.70-77、朝倉書店

鶴見川流域水協議会（2004）『鶴見川流域水マスタープラン』

石川幹子・岸由二・吉川勝秀編（2005）『流域圏プランニングの時代』、技報堂出版

岸由二（2006）自然との共存のテーマ化について、「公共研究」、第 3 巻第 2 号、pp.61-70、千葉大学公共研究センター

丸田一（2008）『「場所」論』、NTT 出版

初出：「研究プロジェクト報告書　第 94 集」：場所の感覚の総合政策的検討(2)
千葉大大学院人文社会科学研究科、2009、pp.19-28

8. 流域の計画と都市

1. 高まる関心

　流域ランドスケープへの関心が高まっている。流域は、河川管理が準拠すべき基本地形である。その枠をこえ、自然保護、市民活動、環境思想、さらに都市計画等の領域で、流域の話題が賑わい始めている。ここには、環境危機の時代の都市を生きる私たちにとって希望ある光景があると、私は感じている（文献番号1）。

　私たちの都市文明は、抽象的・均質的な空間感覚に優位性をおき、大地の凹凸や自然の賑わいを軽視して幾何学的な都市空間を構成する道を邁進して、物質的にも文化的にも地球環境危機の発進源となってきた。流域への注目は、その都市の歴史の足元に、大地の凹凸を再登場させ、地球制約に配慮する地域的な思考、計画、実践、文化を顕在化させる有力な契機となる可能性をもっと思われるのだ。そんな状況把握に沿って流域への様々な期待を一瞥し、流域ベースの都市の計画の未来を考えてみたいと思う。

2. 流域とは何か

　期待や可能性を理解するために、まずは流域の基本特徴を要約しておく。

　第一の特徴は〈水循環の基本領域〉という点だ。流域は氷系に降水を集める大地の窪みだ。水循環を軸として、各種の物質やエネルギーの移動循環する領域、さらに生物多様性や人間活動の複合した領域とみなせば、そのまま流域生

態系という把握が成立する。

　地形としての〈複合性／単位性〉も重要な特徴である。全体水系、川、細流という川の階層構造に対応し、流域もまた内側に向かって、全体流域、支流流域、小流域という、同型的な〈入れ子構造（nested watersheds）〉を示す。この複合性は流域管理の基礎であると同時に、大地を自然的に区分する有力な手がかりでもある。これと同様に重要なのは、全体流域が相互に連接して、丘陵、山岳、平野など上位の異型のランドスケープを構成する事実である。流域を単位領域として、私たちは足もとの地球の拡がりを、明快かつ連続的に把握することができるだろう。

　これと関連して、〈体感的に把握しやすい大地の地図〉という第三の側面にも注目したい。尾根や水系を自然の道と考えれば、流域ランドスケープはそのままで、容易に体感可能な大地の地図になっており、行政的な住所の感覚とは別の、大地の広がりに即した、自然の住所感覚の体感的な参照枠（＝自然の地図）にもなるのである (2)。

3. 河川計画からの期待

　流域への注目は、まずは河川管理に発する。川の水量や水質は流域の自然的人工的な特性に規定されるからである。しかし現実は流域管理に徹せないのが実情だ。たとえば都市計画は行政地図をベースに実施され、副産物としての排水を河川構造でいかに処理するかが河川管理の中心課題になってきた。保水性や市街化の抑制を軽視したわがままな都市構造と、排水路化する悲惨な河川の組み合わせは、そうした現実の産物ともいえる。

　そんな現実の中で流域視野の河川管理を明示したのは、80 年来、全国 17 水系で実施されている総合治水の考え方である。市街化の急な都市域では、河川や下水道だけの治水に限界ありとの認識から、流域関係者の合意のもとに、流域ベースで保水・遊水機能の維持・拡大等を推進し、総合的に治水目標を達成しようとする方式である。

　総合治水計画の発祥地とされる鶴見川流域の場合 (3)、河川関連の計画とともに、自然地保全地区をふくむ保水地域や遊水地域が指定され、流域計画であることが明示されている。実務的な治水計画でありながら、同時に緑地や農地

の保全にも繋がる流域視野の都市計画の香りをおび、また水循環を重視した都市計画の必要をアピールする啓発事業の性格をおびてしまう点に注目したい。

　総合治水の経験も重ねた河川行政は、近年、環境や流域への志向を強めており、環境管理を新たな本務と規定した97年の河川法改正以後、流域視野で河川管理を考える試みも強化される可能性がある。鶴見川を例にすれば、総合治水の理念を総合的な水循環の理念に発展させ、治水、平常流量の確保、親水、河川環境全般に配慮した、総合的な流域管理のビジョンを模索する行政努力（流域水マスタープランの検討）も、開始されている。

4. 生物多様性保全計画の枠組みとして

　生物多様性条約の発効（1993）自然保全への関心に新たな高まりがあり、その動向にも、流域に注目するアプローチがある。生物多様性という概念（biodiversity）は、生物的自然の大破壊時代に対応すべく80年代後半に登場した。種、遺伝子、そして生態系やランドスケープの3つの要素の多様性を総合し、生物そのものと同時に、その生息域、生態系、ランドスケープの多様性保全をテーマ化する狙いのある新語である (2)。

　そんな概念に導かれる環境保全の新動向が、流域という複合的／単位的なランドスケープに注目するのは当然のことかもしれない。国内の最近の事例の一つに、前掲の鶴見川流域における「生物多様性保全モデル地域計画」（1998）(4)がある。生物多様性条約に沿った生物多様性国家戦略（1993年閣議決定）の地域方策の一つとして、国（環境庁、建設省）と流域自治体（東京都、神奈川県、横浜市、川崎市、町田市）等の参加で策定されたもので、行政区画でなく、自然ランドスケープである流域を準拠枠として、生物多様性の保全計画を構想したものである。

　計画は、入れ子的な複合構造にそって全体流域を複数の亜流域にわけ、生物多様性の保全・回復拠点群とそのネットワークを重層的に構想するものとなっている。このアプローチの強みの一つは分かりやすさである。河川コリドー、源流域、池や流出抑制施設、学校校庭等に注目し、流域の特性に沿って生物多様性の保全・回復拠点のネットワークを工夫して行く。小、中、大の流域ごとにそんな工夫を重層させてゆけば、どこであれ、大地の配置を素直に反映した

生物多様性保全計画ができあがるという考え方が貫かれている。残念ながらこれも法的な規制力のある計画ではないのだが、流域関連自治体等の合意によって共同的に活用されれば、通常の都市計画に縛られた環境保全・回復計画を自然ランドスケープそのものの側から相対化するプランに育つと期待され、一部で効果も発揮しはじめている。流域地図を共有し、その地図にそった計画を流域関係自治体等が内部化するよう期待するという点で、総合治水計画と通ずる構造をもつアプローチといえるだろう。

5. 地域政策の新しい単位としての流域圏

　流域への期待のもう一つの事例として、全国総合開発計画における流域圏の考えを取り上げたい。全総において流域(圏)が話題になったのは、第三次(1977～)(5)、および第五次（1999～）(6) の二度である。石油ショックや環境危機論を受けた第三次全総の計画文書には、循環や定住を強調する環境主義的な理念がもりこまれ、その一角に定住圏としての流域圏というビジョンが登場した。計画としての具体性はおき、80年代以降の日本の河川政策や関連市民活動に大きな影響を与えたビジョンだろう。

　同じ言葉が五全総にも登場した。このたびは生活圏的概念としてではなく、国土の総合的な利用、保全、管理のための実務的な枠組み、地域政策の新しい単位としての再登場である。流域圏における検討課題とされるのは、防災、健全な水循環の保全回復、水質保全、治山治水、水辺環境整備、アメニティー等々、いずれも大地に即した実務的な課題である。関連する理念的な提言として注目されるのは「流域圏における施策の総合化」であろう。国土の保全管理に関わる広域的・複層的な諸課題の解決のために、「自然の系である水系と、これに関連する森林、農用地、市街地、農産漁村集落等により構成される〈流域圏〉を基本単位とし、……諸問題に対応する横断的な調整、連携を行うための協議会等の組織化について検討し、その具体化を図る」(6) とする考えである。計画から演繹する方式ではなく、生態的な地域性に即して諸政策の統合を工夫する、場所ベースの新らしい行政手法を、流域という場所を頼りに実現しようとする提言、と読むことができるだろう。

6. 市民活動からの期待

　市民活動の領域でも流域への関心が広がっている。国内では80年代から河川関連の市民活動が活発になった。その後の河川行政は、多自然型川づくりや河川法改正に象徴されるように、自然環境、市民連携重視の方向に新展開を見せ、呼応するように河川関連の市民活動も活性化した。そんな分野で、流域連携、流域ネットワーク、流域文化、流域社会など、流域という言葉を冠した用語が多用されるようになった。荒川、多摩川、鶴見川、相模川など首都圏の河川には、行政とも多様に連携する市民活動の流域ネットワークが形成され、河川管理、まちづくり、環境保全などの諸課題を巡って、行政一市民連携による流域規模の情報交換組織等も機能しはじめている (1)。

　市民の流域活動に関しては、地域思想の動向に触れておくのもよいだろう。環境危機の克服には、世界的・広域的な対応ばかりでなく、環境保全型の地域文化や都市構造を育ててゆく大きな課題がある。そんな課題を共有すべき地域として、行政区画ではなく自然ランドスケープの区画を採用する環境思想の流れがある（生命地域主義あるいは生態文化地域主義）(2、7)。これらの思考法からすれば、流域は生態系としてのまとまりの良さ、地形の複合性・単位制、体感的な地図としての有効性ゆえに、最も有望な自然区画の一つである。

　河川関連活動に限定されるか否かに係わらず、流域関連市民活動の領域には、水系や大地の制約に配慮した、生態的な都市の計画を期待する共通の気分があるといってよいだろう。

7. 流域ベースの生態的・総合的な都市計画

　流域ベースの河川管理計画の充実。生物多様性保全計画の始動。統合的な国土資源管理の提案（流域圏）。環境保全型地域文化をめざす流域ベースの市民活動の活性化。これらの動向が、都市の諸計画に内部化されてゆけば、やがては〈流域ベースの生態的・総合的な都市計画〉のようなものに統合されてゆく可能性があると、私は考える。事実、川を尊重した都市計画のビジョンはかなり普及しているし、水と緑のネットワークを尊重した都市計画ビジョンも漸く常識化しており、流域の治水・水循環特性や生物多様性配置を尊重した都市計

画のビジョンもそろそろ機能しはじめてよい時期だろう (8)。その先に、健全な流域の構造を総合的に尊重する都市計画が登場してよいと、思うのである。

　当面の問題は、通常の都市計画でない各種の流域計画を、だれが策定し、行政計画にどのように内部化してゆくかということだろう。同一行政区内で完結する流域の一部をのぞけば、流域ベースの河川、生物多様性等の計画を立案するには、特別な共同組織（課題別の委員会や流域協議会）が必要となろう。立案主体は行政に限られるわけでもない。市民集団、あるいは行政、市民、ときには企業の連携で、良いビジョンが作られることもあろう。健全な流域の構造や機能とはなにかという基本テーマを共有しつつ、様々な主体による流域ベースの都市計画が、多彩に練り上げられてゆき、まずは合意によって法的な都市計画に多様に活用されてゆく時代展開があるのだろう。展開の基本は、流域ベースの河川・水循環計画、生物多様性保全計画、防災計画等の立案が常識化され、それらをしっかり受けとめる都市計画が支持されて行くことだと思われる。

　流域を枠組みとして、生物多様性とともにある、安全で、安らぎがあり、持続可能な豊かさのある都市を構想する作業は、地球と共存する都市文化を足元から創造し直して行く、発見・学習・創造の地域的な活動ともなるであろう。流域ネットワーク、流域協議会等々、呼称はなんであれ、流域をベースとした総合的な学習・創造コミュニティーの構築をとおして、私たちはエコロジカルな都市の構造、文化、育てて行くことになるのではないか (1、7)。

8. 地球人の都市

　以上、流域ベースの実務的な計画から積み上げて、流域ベースの総合的な都市の計画を好ましいものと考えてきたが、この展開には暗黙の飛躍があった。流域の視点が河川管理に有効であり、生物多様性保全のために分かりやすく、防災・資源管理政策等々の地域的統合に有効であるとしても、だから流域ベースの生態的・総合的な都市計画が原理的に新しい価値をおびると言えるわけではないからだ。それは、地球環境危機の時代の必要に呼応する、新しい都市ビジョンの問題として別に考察するほかない課題である。

　私たちの文明は、拡大の果てに、資源、環境、自然のいずれの領域でも地球制約を再確認し、生物多様性とともにある持続可能な未来を開いてゆかなけれ

ばならない局面に突入している。そんな転換を開く要は都市であるという、共通の認識が広がっていると思う (7、9)。国連の推計では、地球人口に占める都市市民の割合はすでに 50% を越え、さらに急増して 2030 年には 6 割に達する。都市は産業文明のエンジンであり、文化であり、価値である。地球環境問題の核心は、急拡大するその都市領域に、いかにして地球と共存する構造や地域文化を創造してゆくかという課題でもあるのだと思う。流域という自然ランドスケープに立脚し、安全、安らぎ、自然環境を重視する総合的な都市の計画は、その課題を引き受ける、文明史的な試みと位置づけられて良いものではないか。

　20 世紀を生きた人類は、大地の拡がりや自然の賑わいをわすれ、宇宙基地に暮らす宇宙人のような都市生活を追求してきたのかもしれない。その宇宙人のような暮らし足もとから、水系や、尾根や、なお賑わいを留める自然とともに、流域という大地の構造がみえてくる。それは私たちが地球人への道を選択するための、まさしく分水嶺なのかもしれないと思うのである。

　どんな過密都市に暮らしても、川にでれば、流域の構造がありありとわかる散策路や自然拠点のネットワークに導かれる。市民活動とともに歩み、考える都市のナチュラリストの一人としての直感でいえば、まずはそんな構造をあらゆる都市計画の共通テーマとするあたりから、地球人の育ち暮らす、〈地球人の都市〉づくりを、始めるのが、良いように思う (1、7、10)。

主要参考文献
(1) 岸由二 (1997)、流域社会のビジョンについて、『地域開発』、pp.6-13
(2) 岸由二 (1999)、自然との共存を主題化する時代、『変わり行く共生空間』、慶應義塾大学経済学部編、pp.170-191、弘文堂
(3) 鶴見川流域総合治水対策協議会 (1989)、鶴見川新流域整備計画
(4) 生物多様性保全モデル地域計画検討委員会 (鶴見川流域) (1998)、「生物多様性保全モデル地域計画 (鶴見川流域)」、国立公園協会
(5) 国土庁 (1977)、第三次全国総合開発計画
(6) 国土庁 (1998)、新全国総合開発計画
(7) 岸由二 (1996)、『自然へのまなざし』、紀伊國屋書店
(8) 三重県 (1998)、「宮川流域ルネッサンス・ビジョン」
(9) Rutherford H. Platt et al, eds., (1994), *The Ecological city*, Univ. of Mass.
(10) オギュスタン・ベルク (1994)、『風土としての地球』筑摩書房

初出:『都市計画』48 (6) 223、日本都市計画学会、2000 年 2 月、pp.5-8

9. 流域圏・都市再生へのシナリオ

1. 自然共生型の都市再生

　都市再生には2つの焦点がある。財政逼迫、高齢化し縮小する人口、経済再生をかけた産業・情報再編、市街地拡大から一転して中心地に向かって縮退を始めた都市活動、危弱な防災対応、環境……自然保全、持続可能性への配慮、安らぎのある美しい都市空間への希望等々、課題は多様多彩に錯綜する。これらの課題に対応する都市再生ビジョンの一方の焦点は、経済・情報の効率化・国際化に収斂するのであるとすれば、もう一つの焦点は、防災、環境……自然保全、安らぎや美しい都市形成、ひとことでいえば自然共生型都市再生の領域、ということになるだろう。流域を強調した自然共生型流域圏都市再生は、後者に属する戦略の一つである。この戦略は何を目指し、どんなビジョンのもとに、どんな配置とシナリオで進むか。なお未整理な考えではあるが、各種の市民的な実践もふまえつつ、私見を述べる。

2. 環境危機の世紀

　私たちは、文明史的な規模における環境危機の時代に巡り会っている。20世紀を通して、倍々増加をこえる速度で驚異的な拡大を継続した私たちの産業文明は、世紀末に至り、資源、環境、生物多様性の諸次元にわたって地球制約と広範な領域で衝突する事態となり、人の居住の領域に、さまざまな危機を招来しはじめた。21世紀地球社会にとって、自然と共存する持続可能な未来を可能にするエコロジカルな産業文明への転換は、回避不可能な状況となった観

がある。

　1992年のブラジル・リオデジャネイロでの地球サミットは、農業革命、産業革命につぐ第三の文明次元の革命である〈環境革命〉とも把握されるこの事態を、各国の政治指導者ともども世界が認識する世紀の機会となった。その会議で提案され、後日発効した、「生物多様性条約」「気候変動枠組条約」は、地球制約を無視した産業文明の歴史が、自然（生物多様性・biodiversity）と共存する持続可能な未来へ転換してゆく臨界状況を象徴する歴史的なツールということができる。以来、「自然と共存する持続可能な発展、未来、暮らし」は、環境革命の共通サインとなった。

3. 焦点は都市

　この転換のための文明的な仕事の拠点は都市であろうという直感がある。第一の理由としては、都市、とくに発展途上国等の都市域において安全、安らぎ、自然との共生を重視すべき人間的居住にかかわる撹乱が甚だしいという事情をあげることができる。都市における安全、快適、自然共生型居住の実現は、それ自体が地球環境危機の大きな課題である。

　しかし文明史的には、さらに大きな理由があってよい。都市は産業文明のエンジンである。脱地球的な産業文明の推進装置として、地球制約を軽視し、自然との共存や持続的な暮らしを軽視する文化、技術・科学、産業、生活の様式、すまいのセンス、人材などを地球大に発信・提供しつづけることが、都市、こちらはとくに、先進諸国の都市の基本機能となっている現実がある。これを破綻なく穏やかに、エコロジカルな領域へ、自然との共存を促す地球親和的な文化、技術・科学、産業、生活の様式、すまいのセンスを育て発信提供する、いわば地球人的な居住の拠点へと転換してゆくことが、文明転換の鍵となるという直感があるのである。

　この判断は、都市そのものの否定とは縁がない。一次・二次産業の大幅に希薄な居住地域を都市と呼ぶのであれば、地球人口の過半はすでに都市に居住しているはずであり、この傾向は止まることがないだろう。安全で安らかで、暮らしの便利に満ちた都市域での居住は、ホモ・サピエンスの過半にとって望ましい居住様式なのだと承認される必要があると思う。その上で、都市ならびに

非都市域全体におよぼす文化、科学技術、思想、産業、くらし、あるいは市民の感性、人材の発進の領域まで視野におさめた、都市の構造・機能・文化にわたるエコロジカルな転換が必要と考えるものである。この転換は、都市に暮らす市民の安全、安らぎ、便利を大切にするという意味で都市中心主義的であるが、非都市的な地球領域への波及効果をターゲットにおさめつつの転換を目指すという意味で、普遍的な環境主義の側面をもつべきものと考える。安全、安らぎ、自然環境重視の都市再生は、この二つの課題を担う仕事の一翼でなければならないだろう。

4. 計画の空間枠組を地球化する

エコロジカルな文明転換の一翼でもあるような自然共生型都市再生にとって基本的な要請は、計画・活動の空間枠組の地球化とでもいうべきものと思われる。ここにいう地球化は、いわゆるグローバル化ということではない。都市計画の空間を自然的な配置においてテーマ化すること。ランドスケープ、生態系・生物多様性の配置、水や大気の循環などとして都市活動の足下に登場する地球の制約や可能性を、計画枠組として正面から引き受けるような工夫という意味で、使いたい。

私見によれば、そのような工夫の単純明解な糸口は、計画枠組のランドスケープ化である。人為的な行政区画、図面上のデカルト空間を計画枠組とするのではなく、都市の足下にリアルに広がる山野河海、丘陵、台地、流域、海岸等の広がりそのものを計画枠組として尊重し、受け入れる工夫といってよい。やや理屈っぽくいうなら、足下から広がる大地を、山野河海・丘陵台地・流域・平野等が織りなす、自然ランドスケープの階層構造あるいは入れ子的な空間配置として把握し、そのような地図が開き示す地球の制約や可能性を確認しつつ都市を計画してゆくこと、といってもよい。自然共生型都市再生は、足下のランドスケープの階層的な配置の地図のもとで、安全、安らぎ、自然環境重視の環境配慮型都市を工夫してゆく方式とするのがよい、という提案である。

この見方にしたがえば、自然共生型流域圏・都市再生は、足下の自然ランドスケープ地図として、まずは「雨水が水系に集まる流域」を基礎領域として選択し、重視する都市再生のアプローチということができるだろう。

5. 流域アプローチの明解さ

　流域ランドスケープを枠組とする都市計画、都市再生は、素朴な明解さをもっている。地表における水循環の基本領域である流域は、人の暮らしにとっては治水・利水を工夫すべき基本領域であり、水系や尾根の配置に沿って自然の多様性がわかりやすくまとまる生態系でもある。都市域において、流域の自然配置を尊重し、緑や農地の発揮する保水・遊水機能を共生的に活用する方式で治水・利水を進め、流域生態系の提供する自然のにぎわいを活かした安らぎある空間利用を工夫してゆくことは、そのまま自然共生型都市再生の試みとなるだろう。

　市街地が卓越する都市的な居住域において、大地の自然の枠組を感覚的に把握することはますます困難になっているが、水系と分水界（尾根）の秩序に対応した流域ランドスケープは、都市的な高密度の土地利用のもとにあっても、共存すべき自然の領域の感覚的な把握を比較的に容易なものとするという利点もある。

　流域ランドスケープには、全体流域の中に中規模流域が配列し、中規模流域の中にさらに小規模流域が配列する入れ子構造（nested watersheds）の配置がある。これを活用することで、それぞれの部分流域に合せ、流域としての基本構造に対応した共通性と地域ごとの自然の個性にあわせた都市再生を進めてゆくことが可能である。等身大の規模の流域ごとに適切な市民参加が実現すれば、流域ベースの都市再生は、連携的な配置のもとで、協働的な都市再生の事業をわかりやすく、見通しよい作業にしてゆくはずである（図1）。

　都市域の枠をはずせば、流域ランドスケープの把握はさらに容易である。多雨の条件のもとで傾斜地系の卓越する日本列島は、境界の鮮明な大小の流域ランドスケープが無数のピースとなって水と緑のジグソー画を構成するような配置となっており、地域的な諸課題への対応枠組としての流域枠組のわかりやすさは、自明という側面をもっているかと思われる。流域枠組の都市再生は、日本列島においてはとりわけ無理のない明解さ、一般性、あるいは高い応用可能性をもっていると言えるだろう。

　わかりやすさは、そのまま有効性に置換できるわけではない。流域ベースの再生を基本として、自然共生型の都市再生が十分に遠くまでゆけるという理論

図1 流域の入れ子構造—鶴見川の例（「流域とは何か」より）

的な保証があるわけではない。流域ではなく、丘陵、台地、さらに広域的なランドスケープの複合を計画枠組とした都市再生こそ有効という場合も多々あることも明らかである。そのような制約を確認した上で、しかし私は、自然共生型都市再生の標準的な方式としての流域アプローチの卓越性を、強調しておきたい。自然のにぎわいとともにある持続可能な都市文明を、行政／市民の地域的な協働によって創出してゆくという複雑かつ巨大な課題にたちむかうためには、何よりもまず、基本における実践的、感覚的な明解さが必要と考えるからである。

6. 流域アプローチの実例

　流域をベースとして自然共生型の都市再生を目指す工夫は、まずは可能な領域で多様な試みを積み上げ、実行可能な総合を工夫し、有効性と限界の領域をたしかめつつ進むものと思われる。この分野では研究、計画、実践を総論として峻別する必要もないのではないか。実践につながる研究、研究であり同時に行政的な施策、あるいは計画でもあるような実践。現場の課題に沿った問題対応的な多様な試みがまずは重要と思われる。

　関連の実例は多々あるが、私に身近な試みとして鶴見川流域における工夫を紹介する。東京・神奈川の境界地域に広がる丘陵台地地域、ならびにその東方に広がる沖積地には、東京都の南多摩諸都市、川崎、横浜の大規模な市街地が広がっている。新興の居住域が一気に広がった丘陵域では開発・都市基盤整備と農地や自然環境の保全・活用をめぐる諸問題が山積している。沖積地の人口密集地では、地域の安らぎの回復や、震災、洪水等にかかわる危機の緩和が懸案である。

　鶴見川流域は、この地域の中心部に広がる 235km²の領域を占めている。急激な市街化の進んだ当地では、1970 年代、通常の河川整備による治水対策が限界に直面し、1980 年より、行政区ではなく水循環の単位領域である鶴見川流域に注目して、保水地域である緑地や農地の保全や、流出調整地の配置など、土地利用にまで視野を広げた総合治水対策が、河川管理者を中心とする行政組織と自治体、市民の連携で進められてきた。1998 年には、総合治水の流域アプローチを基礎として、都市に残された貴重な自然地や生物の多様性を保全・

回復するための有効な手段として流域ランドスケープの入れ子的な配置を手がかりとした生物多様性保全のためのモデル地域計画、「生物多様性保全モデル地域計画（鶴見川流域）／環境庁ほか」が策定されている。さらにこれらを基礎として 2004 年夏には、治水、平常時の水管理、自然環境保全、防災、地域文化（流域文化）育成を柱とした流域視野の都市再生計画（＝統合的な流域管理計画）として、鶴見川流域水マスタープランも策定されたところである。

これらの流域計画を通し当該地域では、自然地や農地の保全と下流部の治水安全度向上の関連や、流域ランドスケープの骨格構造に沿って重要な自然領域が確認できること等への理解が広がっている。過密都市域に自然領域を保全回復するにあたっては、流域というランドスケープの枠組で考えることがわかりやすく、有効であるとの認識も広がっている。関連した成果として、大小の自然域において、源流・河口等流域的な視野からの位置付けも応援となって保全・回復の実現する事例も登場し、流域ベースで環境保全を進める市民の活動も活性化している。過密都市における自然の保全・回復が、水循環やランドスケープの構造を介して、都市の安全やアメニティーと構造的に関連しているという理解が地域に広がってゆくことは、自然共生型都市再生の大きな流れに沿うものだろう。そして何よりも重要なことは、水循環の基本単位でもある流域という自然ランドスケープを計画、検討、実践の枠組とすることによって、過密都市の安全・快適の課題が、文字通り地球環境危機の一部なのであるとの認識が、子どもたちや市民に実感をもって認識、理解されてゆくということだろう。

鶴見川流域における以上の流域計画は、土地利用にかかわる総合的な都市計画そのものに全体的・制度的に接続する状況には、まだ至っていない。水循環にかかわる下水道と河川部局との密接な仕事連携による環境回復もこれからの課題である。計画・ビジョンへの市民の理解・応援・協働が、今後どのような進捗、展開をみせるか、なお予測は立て難い。しかし、計画としてのさまざまな不十分さにもかかわらず、鶴見川の流域では、自然共生型都市再生への努力が、流域ランドスケープの枠組を援用する方式で着実に積み上げられていると、理解していただくことはできると思う。

7. 丘陵ベルトに注目した自然共生型都市再生

　自然共生型都市再生の広域的な枠組として参照されうるランドスケープは、流域に限られるわけではない。丘陵、平野、多様なランドスケープ構造の複合する圏域、あるいは列島のレベルで、各種の試みが展開されてよい。以下には、流域とは別の広域的ランドスケープを援用した例として、これも私に身近な丘陵構造に沿った首都圏グリーンベルト提案の事例をあげておきたい。

　日本国・首都圏の中央部は、大規模なグリーンベルトあるいは緑地帯のない、巨大都市圏である。この領域に自然共生型の都市構造を実現するには、基本メニューの一つとして都市型のグリーンベルトが構想されてよい。当該地域における広域グリーンベルト計画の周知の事例の一つは、1958 年、首都圏整備計画において提案され、住民等からの強い反対で公表と同時に挫折に追い込まれた、いわゆる第一次首都圏グリーンベルトである。その計画においてグリーンベルトの予定地となった領域をあらためて見直してみると、当該地域のランドスケープ配置との整合性がほとんど配慮されていなかったことがわかる。予定地の概形は、東京・横浜の中心都市域を半円形に囲む抽象的な空間配置となっており、そこには江戸川・荒川の低地、武蔵野台地、多摩川低地、鶴見川流域から三浦半島基部にのびる起伏の大きな多摩丘陵と、異質かつ市街化の程度・見通しの大きく異なっていたはずの多様な地形地域が包含されていた。この側面に限定して観察すれば、実現にはたいへんに不向きな立地設定であったということになるのではないか。中心市街地を環状に取り囲むという計画図式にこだわらず、あくまでランドスケープの視点から関東平野に着目してみることにすれば、別の可能性も見えてくるというのが、ここで紹介する事例である。

　大地の凹凸に注目して見渡すと、首都圏中央域には、北から順に、大宮台地、荒川低地、武蔵野台地、多摩川低地、多摩三浦丘陵、相模野台地という明瞭な地形配列があり、その東側に東京湾臨海の低地が広がっている。地表面の平らな台地ならびに沖積地では、すでに徹底的な市街化が進んでおり、基本的には公園、崖線、農地、河川沿川に拠点的な緑がかろうじて残されている状況といってよい。ところがこの配列の中で唯一、起伏の強い多摩丘陵と三浦半島を骨格とする多摩三浦丘陵域は、他と対照的な姿をとどめている。関東山地の東端高尾山の東方から、南多摩、川崎、横浜、鎌倉逗子、横須賀、三浦を経て太平洋

に至る延長70kmほどのその領域には、丘陵域のゆえに開発を免れた大小の緑地や農地が、大小の公園緑地や水辺の自然拠点等とともに、現状でもなお見事に散在していることがわかるのである。衛星写真でみれば、意図せざるネットワーク型のグリーンベルトの様相といってもよい。

　首都圏の大地の必然にかかわるこの自明性を背景として、緑地・水辺をネットワークするタイプの新しい首都圏グリーンベルトを、多摩三浦丘陵において工夫しようという提案が、10年程以前より、市民活動領域（多摩三浦丘陵の概形がジャンプするイルカに似ているということから「いるか丘陵ネットワーク活動」と呼ばれている）から発信されており、知られるようになってきた。首都圏では、2001年都市再生本部において決定された都市再生プロジェクトの一環として、ここ数年来自然環境の総点検が推進され、国と自治体の協働作業によって「首都圏の都市環境のインフラのグランドデザイン」が取りまとめられている（2004年3月）。そこにおける重点緑地等の検討は、主として要素論的なアプローチに基づくものでありランドスケープへの注目は二次的なものであるが、抽出された重点地域の配置は流域、丘陵等のランドスケープ構造との対応をみごとに示すものとなっている。とりわけ多摩三浦丘陵群というランドスケープへのホリスティックな対応がすでに不可避なものとなっていることを如実に示唆するものとなった。丘陵台地域における大規模緑地は、同時に、流域ランドスケープの源流域に対応するというのはごく普通の事態であり、丘陵をベースとした自然共生型都市再生は、流域をベースとした自然共生型都市再生にそのまま連動するものである。ちなみに、鶴見川流域における自然・農地保全の最大拠点である本川源流域は、「首都圏の都市環境のインフラのグランドデザイン」が多摩丘陵において注目する町田市北部丘陵の自然拠点と同じ地域である。水循環を軸とした流域都市再生の観点からみれば源流最大の保水拠点である同地は、丘陵ランドスケープに沿った都市グリーンベルトを構想する丘陵都市再生の視点からすれば丘陵骨格の緑の大拠点ということになる。

　流域視点を基礎とし、丘陵台地等に視野をひろげ、首都圏レベルの自然共生型都市再生を目指す流れは；自然共生型流域圏都市再生の首都圏域におけるシナリオの次の重要なステップの一つとなってゆくだろう。

8. 生態文化複合

　自然共生型都市再生の試みにとって、計画空間の地球化、すなわち流域、丘陵等のランドスケープをベースとした試みとならんで基本的な重要性をもつもう一つの領域は、都市における地域文化の地球化とでもいうべき課題である。

　自然との共存が課題になるということは、共存すべき自然の配置、生態系の特性等が、都市の構造・機能そして市民の暮らしにおいて、さまざまにテーマ化されるということである。この際、自然共生型都市再生が、都市市民に了解され、支えられ、協働の流れの中で実現するものであるなら、共存すべき自然のテーマ化は、研究者や専門家たちの PC や、計画書の中だけで生じるのではなく、都市市民の暮らしにおいて、日々実現されてゆくのでなければならない。図式的にいえば、都市の基盤にあって共存すべき自然の配置や機能を、市民の暮らしの地図や、会話や、市民的な活動等を通して日常的に対象化し、テーマ化することのできるような地域文化の育成が必要ということである。ランドスケープ、水循環、生物多様性の配置などの地域の自然の様相が、地図や、会話や、各種の余暇活動等に代表される日常の暮らしを介してテーマ化され、地域の文化に組み込まれている様子を、仮に、〈生態文化複合〉とでも呼ぶことにすれば、自然共生型都市再生は、保全的関心とともにあり、また保全的な関心を支え励ますことのできるような、地球親和的な生態文化複合の形成とともに進む、ということである。都市計画の地球化は、計画の枠組地図の地球化であると同時に、その地図に対応した環境保全型の生態文化複合形成の努力でもある。

　そのような地域文化、地域の生態文化複合もまた、自然ランドスケープを準拠枠組とすることによって、有効に育成されてゆくというのが、私のシナリオである。入口は、地域文化へのランドスケープ地図の定着ということであろう。都市が共存の対象とすべき自然は、行政区画の枠組において構造化される自然ではなく、大地の必然ともいうべき自然ランドスケープに沿って構造化される自然であることを、地域の文化に着実に組み込んでゆく工夫といってよい。実践的な事例として、ここでも鶴見川流域と多摩三浦丘陵を取り上げる。

　鶴見川の流域では、総合治水対策に伴う啓発事業において、河川管理者のサイドから、行政界の地図ではなく、水循環あるいは洪水の基本単位である流域

地図や流域の自然・文化拠点の紹介が盛んに進められた。行政と連携しつつ活動する流域市民活動である鶴見川流域ネットワーキング（1990～）もまた、流域活動推進のため、独自のアプローチで流域地図、流域自然拠点等の地図を広報し、流域活動を推進している。ここで重要なポイントは、流域地図の共有は、通常の行政区画の地図の束縛を相対化できる程度に、印象的な方式で進められなければならないということであった。鶴見川流域では、流域地図を〈バク〉にみたてて親しむ市民活動由来の地図を活用する方法や、亜流域を色分けして提示する方法が、市民活動、行政によって広く共有されはじめている（図2）。町田市小山田地域に広がる森林地帯は行政区画でみれば町田市北部の森であるが、鶴見川流域の地図でみれば、バクの形をした流域の鼻先にひろがる最源流の森である。同流域では、流域バクのキャラクター化がさらに各方面におよび、総合治水や水マスタープランなどという流域計画の啓発や流域イベントの広報にも、バクのキャラクターがさまざまに活用され、流域ランドスケープへの市民の関心の促進に寄与している。

　首都圏中央部を貫いて関東山地と太平洋を結ぶグリーンベルトの様相をしめす多摩三浦丘陵の領域に関しては、これをジャンプするイルカにみたてて、〈イルカ丘陵〉と称し、自然イベント等を介してその存在をアピールするいるか丘陵

図2　流域地図を共有しやすくする工夫。鶴見川流域をバクにみたてる。

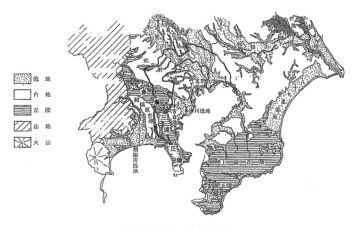

図3　首都圏中央部の地形配置

実線の雲形の領域は第一次首都圏グリーンベルト（1958）の予定地。多摩三浦丘陵は多摩丘陵、下末吉台地、三浦半島を含む回廊である。『日本の地質3　関東地方』から改変して引用。

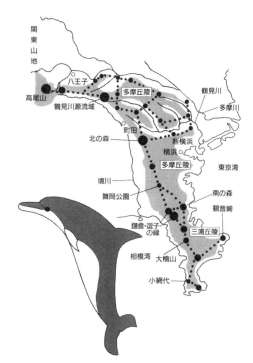

図4　多摩三浦丘陵はいるかの形。首都圏中央部の多摩三浦丘陵の配置地図を共有しやすくする工夫（『自然へのまなざし』より）

ネットワークの活動があることは、すでにふれたとおりである（図3、図4）。

　自然共生型都市運営を支える都市の生態文化複合あるいは都市文化には、対応する都市域のエコロジカルな構造機能の創出・維持等を促す効果に加えて、そこで育ち暮らす都市市民に、自然と共生する暮らし、技術、文化を支持するセンス、知識、技術、常識等を育てる効果、その都市から発信される文化、技術、思想、商品、人材等のエコロジカルな水準を高めるような効果も期待することができてよい。自然共生型の都市の計画、自然共生を促す都市の生態文化複合は、そして自然共生度を高めてゆく都市の構造あるいは運営機能等々は、相互に励ましあって、文明のエコロジカルな転換を促す都市を実現してゆくというシナリオを想定しておくことができるであろう。

　首都圏中央域の私の居住領域でいうなら、それは、バクの形の鶴見川の流域や、多摩川の流域や、多摩三浦丘陵に、流域ランドスケープ、丘陵ランドスケープに沿った豊かな都市自然のネットワークが保全回復され、教育、ツーリズム、防災、都市気候制御装置、農業等に活用されることを通して自然との共存度を高める首都圏都市域が実現されていくとともに、自然と共存する地球暮しのための知識、技術、文化、感性、商品、思想、人材等々を発信する生態文化複合の成熟が促され、国内、国外に自然共生型都市再生の地域モデルを提供してゆくようなシナリオを語ることになるだろう。

9. 学習創造コミュニティーの形成

　自然共生型都市再生を目指すにあたり、一方に流域を基本とした自然ランドスケープを計画枠組とした具体的・個別的な都市の諸計画の試みを置き、他方には、同様に流域を基本とした自然共生型の生態文化複合（流域文化）の形成を置くというシナリオは、そのような活動・文化形成を価値あるものとする地域的な運動、あるいはそのような活動を支えるコミュニティーのようなものの形成推進をもって、エンジンとするのでなければならない。それは、足下の流域に発する地球の広がりに注目し、これが示唆する資源・環境・自然の制約や可能性のもとで、自然と共存する持続可能な未来を志向しうる地域文化、生態文化複合の形成を促す、〈流域的な学習・創造のコミュニティー〉のようなものの形成、推進、ということになるだろう。

流域的な学習・創造のコミュニティーの具体的な形式は、流域ごとに多様多彩な方式が選ばれてよい。市民活動をベースとした交流組織がその任を果すかもしれない。総合治水対策協議会のような行政の流域連携組織が、まずは中心的な役割りを果たすかもしれない。さらに総合的に諸課題を取り扱う流域協議会のような組織が適切な機能を果す可能性もあるだろう。

　ただし総合治水対策の推進啓発、生物多様性保全モデル地域計画の策定、そして流域水マスタープランの策定に参加する歴史をもつ流域市民活動・鶴見川流域ネットワーキングの経験からいえば、制度的な束縛の強い、自由度の低い形式的な組織に、過度の期待をするのは、やや控えるのがよいかも知れない。通常の行政枠組をこえ、流域という自然ランドスケープに沿って、共存すべき自然の要素、制約、可能性を再確認し、それらを都市再生につなげてゆく作業は、行政、市民、企業、学識者等の形式的な役割り区分や職能をこえ、ひたすら地域に密着する日常活動とともに、自由で創造的な学習や意見の交換を進める方式を不可避のものとするはずである。研究者や行政職員が、地域の自然や歴史に深く通じた市民から多くを学ぶ必要もある。委員会、学習、研究、検討などという枠組より、都市のただなかで自然の制約や可能性を再発見し、あるいは自然のケアを進めるような各種の小規模な実践やウォーキングや多様・多彩なイベント交流のような形式に立場をこえた参加が促進されることこそ、都市再生にかかわる学習・創造の本来の機能をはるかに有効に果たすということもあるはずである。そのような機会を提供する有効で実質的な世話役のコミュニティーを、行政、市民の連携がどのように作り上げてゆくのか。それが課題ということになる。

　以上のような考察は、都市問題の枠をこえて一般化することも可能である。日本列島は、川の国、多彩な個性の流域がつらなり、階層的な構成によって丘陵、台地、山地、平野を形成してゆく列島である。そのそれぞれの単位的な流域において、それぞれの自然的・社会的個性のもと、自然と共生する暮らしを目指す学習・創造コミュニティーが育ち、活性化し、流域に発する大地の階層構造にも対応して互いに共鳴してゆくなら、それらすべてが自然と共生する多彩な知恵や技術をうみだす生態文化複合（＝流域文化）の豊かな揺籃となり、森の島を流域ごとに暮らしなおす国・日本への道を開き、同時に、自然の枠組を深く尊重しつつ地球を暮らしなおす新しい文明の形を地球社会に発信する

国・日本を育ててゆく土壌ともなってゆくように、思われるのである。

【参考文献】

岸由二：自然へのまなざし、紀伊國屋書店、1996
岸由二編著：いるか丘陵の自然観察ガイド、山と渓谷社、1997
国立公園協会：生物多様性保全モデル地域計画（鶴見川流域）、1998
岸由二：流域とは何か、木原編：流域環境の保全所収、pp.70-77、朝倉書店、2002
自然環境の総点検に関する協議会首都圏の都市環境インフラのグランドデザイン、2004
鶴見川流域水協議会：鶴見川流域水マスタープラン、2004
鶴見川流域水協議会：鶴見川流域水マスタープラン―各マネジメントの施策に関する参
　考資料、2004.8）大森昌衛、他：日本の地質3　関東地方、共立出版、1986

【関連するホームページ】

NPO鶴見川流域ネットワーキング　http://www.tr-net.gr.jp/
国土交通省京浜河川事務所　http://www.keihin.ktr.mlit.go.jp/english/index.htm

初出：石川幹子・岸由二・吉川勝秀編『流域圏プラニングの時代』
技報堂出版、2005年、pp.273-285

10. 流域とは何か

7.1 流域への期待

　流域は，雨水が水系に集まる範囲と定義される大地の領域である．近年この領域に，諸方面から多彩な期待がよせられている．その中心には，当然のことながら河川あるいは水管理にかかわる期待がある．しかしそればかりではなく，生物多様性の保全回復や，安全・安らぎを重視する都市あるいは都市再生計画，さらには自然と共存する持続可能な未来をめざす環境主義の領域からさえ熱い期待があるかもしれない[1,2]．

　本章はそんな多様な期待の視点から流域を取り上げる．流域ランドスケープのもっている物理的，生態的，空間的な基本特性を確認するとともに，私たちの社会あるいは文明が，流域という大地の領域に，政策的，文化的あるいは思想的に，どんな価値や可能性を見出し，期待をよせつつあるか，多元的な整理を試みる．新たな期待のもとに活用され，暮らしに定着してゆく流域は，〈雨水が水系にあつまる範囲〉という物理的・空間的な定義を越え，重層的な生態文化的内容をもつ地域的実在となってゆくであろう．

7.2 流域の基本特性

（1）雨水が水系に集まる領域

　雨水が水系に集まる範囲，すなわち雨水が重力に従って地表を移動し水系に集まる領域を流域という．このように定義される流域（表面水の流域）は，尾根に囲まれた窪地という共通の地形的な特徴をもっている．同義語である集水域という表現は，この特徴を素朴に表現してさらに的確ともいえるが，慣例に従い，本章では一貫して〈流域〉の語を使用する[*1]．

　流域の範囲は水系に規定される．まず水系が指定され，対応する流域が決まるという順序で理解するのが自然である．水系の代表は河川だろう．川は支流を分けて水系を形成する．その全体ある

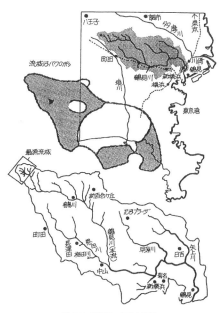

図 7.1　鶴見川の水系と流域
本流延長 42.5 km，流域面積 235 km²，人口 184 万人の都市一級河川流域である．バクは流域活動のシンボル．岸　由二（1994）：リバーネーム，リトルモアより転載．

111

いは部分に対応して，全体流域，支流流域を区分することができる．当然のことながら，流域の面積は河口地点に対応して最も大きくなり，その値を当該水系（河川）の流域面積とするのが通例である[3]（図7.1）．他の条件に大きな相違がなければ，より大きな流域に対応する川は，より多くの水を流すというのも，改めて指摘する必要のない性質である．流れの任意の区間に注目し，上流流域，中流流域，下流流域のように，対応する流域を定めることができる．水系は，河川ばかりでなく，湖沼や海などでもよい．琵琶湖に流入する河川の流域をまとめれば琵琶湖流域（群），東京湾に流入する河川の流域群をまとめれば東京湾流域（群）ということになる．

（2） 水循環の基本単位

流域は〈水循環の基本単位〉とされることもある．一般的な使用法では，この場合の流域も表面水の流域とみなされることが多い．雨は大地を下って河川にいたり，河水は流下して海に注ぐ．しかしその間に雨水のたどる流路は，地表を流下してそのまま支川・本川に流入するもの，植生や大地に保水されるもの，蒸発するもの，地下に浸透して湧水となるもの，あるいは各種の人為的なシステムを介して流下するものと，複雑である．当然のことながら，河川の増水や平常時の流量，あるいは水質の問題などを検討するには，流域におけるこれら多様な水の経路を総合的に把握しなければならない．〈水循環〉はその複雑な様相を総括する用語として使用されている．ただし，水循環そのものの諸相を解明するためには，地下の水流や人工的な流路を通して地表の流域を越えて移動する水の動きや，大気中の水蒸気の移動も重要な要素であり，循環の単位を表面水の流域に限定するわけにはゆかない．表面水の流域は，水循環の地表部分における諸回路を集約する基本領域という制約つきで，〈水循環の基本単位〉と考えることができるものである[*2]．

重力による表面水の自然的な移動という束縛を外すと流域概念は拡張される．たとえば地下水の流域や，下水・上水道の流域などを考えることができる．これらの流域は，表面水の流域とはしばしば大幅に異なり，特定の湧水点に集まる地下水の流域が，複数の表面流域にわたることもめずらしいことではない．たとえば静岡県柿田川の水源となる日量100万tを超える豊かな湧水は，柿田川そのものの表面水流域の彼方に広がる富士の山域に発するものといわれている[4]．人工的な配送システムを介して形成される上下水道の流域が，表面水の流域とかけ離れたものになることもめずらしくない．

（3） まとまりのよい生態系

流域は，わかりやすく，まとまりのよい生態系という性質も備えている．生態系は，物質やエネルギーが流動し，生物の多様な暮らしを支えるシステムとして機能的に定義されるのが普通だが，その空間的な広がりは，しばしば恣意的に限定される必要がある．分水界で区切られた窪地というわかりやすい地形的な特性をもち，水系を軸とした物質流動の構造をもつ流域は，水循環を中心的な手がかりとして，生態系の諸要素を総合的に把握してゆくことのできる，明快な生態系構造の見本ということができるだろう[*3]．

流域に人間生活の領域が大きく展開している場合，物質やエネルギーは流域の境界を大きく越えて人工的に行き来するが，雨水の動きや生物多様性の様相は流域の自然的な地形と相関したまとまりを保持している．流域生態系という把握は，都市生態系の機能や構造を把握する基本枠組みとしても，おおいに有効性を発揮するものであろう．

（4） 大地の地図の基本単位

物理・生態システム的な特性に加え，流域には地表の地図の基本領域という，別次元の重要な性格がある．全体水系に対応する全体流域，すなわち全体水系の河口で定義される流域を基本単位とすると，大地は全体流域が組み合わされたジグソウ画のような領域として表現される．たとえば私たちの国土が，都府県の非重複的な配列として行政的に地図化されるのは誰でも知っている．都府県の代わりに全体流域を配置すれば，原理的には行政地図と同様に，国土を非重複的な自然領域のジグソウ画のようなものとして表現することがで

きるだろう.

これに関連して流域という地形には，注目すべき特徴が二つある．一つは，流域が入れ子配置をもつ（nested watersheds）という性質である．全体水系に対応する全体流域は，支流に対応する亜流域に分割され，亜流域はさらに小さな支流の流域に分割され，最小単位の支流，すなわち分水界から流れ出る安定的な最初の流れである一次の川に対応する小流域にまで分割される（図7.2, 7.3）．この様相は，都道府県が市町村に入れ子的に分割されてゆくのと，同形である．都道府県市町村の区画は，大地を行政区分の階層的な配置として地図化する手段であるが，全体流域から支流流域にいたる大小の流域を単位とする区分は，流域という単位によって大地を自然領域（ランドスケープ）の階層構造として地図化する手がかりとなるといってよいだろう.

もう一つの重要な特性は，山岳，丘陵，平野，台地等の，流域とは異質な地形（ランドスケープ）が，大小の流域群の組み合わせに分析できる，と

図7.2　入れ子構造の流域配置
八つの亜流域と76の小流域に分割されている
鶴見川の全体流域図．文献[8]の資料を改写.

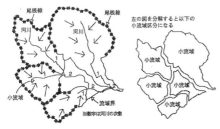

図7.3　小流域の区分法
河川の次数に基づいて小流域を分割する方式の例
示．文献[13]から許可を得て転写.

いうことである．たとえば脊梁山脈を軸とする本州は，日本海，瀬戸内海，太平洋に注ぐ大小多数の全体流域の集合体として表現できる．内側に向かっては入れ子状の階層構造をもち，また組み合わさることによって異質の上位のランドスケープを構成してゆく流域は，大地の地図の基本単位ということができるのである.

（5）　自然の住所の基本領域

以上の二つの特徴を総合すると，流域を基本地域とすることで，私たちは国土を自然ランドスケープの階層構造として地図化できる，あるいは住所化できるということがわかる．原理的にいえば，国土の任意の場所を，通常の行政住所ではなく，ランドスケープの住所によって表現することができるということである．たとえば，筆者の勤務する研究室は，通常の住所でいえば，「日本国，神奈川県，横浜市，港北区，日吉4-1-1，慶應義塾大学，第二校舎，301」ということになるのだが，流域ランドスケープの上記二つの特徴を利用すれば，「日本列島，本州，関東地方，多摩三浦丘陵群，鶴見川流域，支流矢上川流域，支流松の川流域，支流まむし谷戸流域，西，肩」という住所で特定することもできるのである．通常の抽象的・人工的な住所に対して，流域ランドスケープを基本とする大地の文脈を頼りとするこのような住所の把握を，〈自然の住所〉とでもよんでおくことにしたい．流域の内部に限定すれば，上の例の鶴見川流域以下にみるように，自然の住所は流域群の入れ子住所，つまり〈流域の住所〉として表現することができることも明らかであろう．ここで詳細を論ずることはできないが，〈自然の住所〉，あるいは〈流域の住所〉の把握は，自然との共存を促す〈場所の感覚〉，あるいは〈すみ場所の感覚〉の形成を促す基盤となるはずのものである[5,6].

7.3　流域へのさまざまな期待

（1）　河川管理の枠組みとしての流域

流域への期待の筆頭は，当然のことながら，河川管理の領域にある．管理の内容は，治水，利水，

平常水の量・質，環境，アメニティなど多分野に
わたるが，基本は，治水といってよいだろう．治
水にかかわる伝統的な河川管理の基本は，堤・高
水敷・流れ等で構成される河川区域における，流
路や河川断面の改修・管理等による方式である．
しかし洪水の発生は，そもそも流域の地形，土地
利用，都市化の状況などによって大きく規定され
るものであるという原理にもどれば，治水は河川
区域だけではなく，流域そのものにおける多様な
方策によって対応されるべき課題であるというこ
とになる．このような認識からわが国では，1970
年代末から，急激な開発にさらされる一部の都市
河川において，流域対策を大きく盛り込んだ治水
計画である，〈流域総合治水〉の方式が採用され
るようになった．総合治水のモデル河川となって
きた鶴見川の例をみると，保水地域としての調整
区域の維持，市街化に伴う調整地の設置ならびに
存置，緑地・水田の保全による保水力の確保な
ど，わかりやすい流域対策が掲げられている[7]．こ
れらの流域対策については，現段階ではなお制
度・財政等による強いサポートが確保されている
わけではないが，治水の視点から，流域の整備・開
発・保全のあるべき姿を構想するというその姿勢
は，河川管理の未来のあり方を大きく先取りして
きたものと思われる．その後の河川管理の領域で
は，総合治水のさらなる普遍化が推進されはじめ
ており，1997年の河川法改正も契機として，治水
を越えた河川管理の諸領域にわたって，流域の視
野が強調されはじめているといってよいだろう．
　1999年以来，鶴見川流域において推進されてい
る，「流域水マスタープラン」策定の試みは，その
先端的な模索事例の一つといってよいであろう．
この計画は，治水安全度の確保・向上を促す流域
のあり方への検討から，さらに平常時の流れの量
や水質，流域構造に沿った自然環境の保全，巨大
地震を想定した災害への対応，そして水系や流域
への意識を育む地域文化の育成を促すことのでき
る流域のあり方を，流域の水循環をキーワードと
して検討するものであり，河川管理の領域から，
流域ベースの統合的な環境・危機管理・都市再生
計画への試みに発展してゆく画期的な可能性を秘
めている[8]．

（2）　生物多様性保全の計画枠組みとしての流域

　地球サミット（1992）において提案され，翌年
発効した生物多様性条約は，産業文明の展開が，
地球規模において毎年，1万種を超すとも推定さ
れる多数の生物種を絶滅，あるいは絶滅から回復
不可能な状況においこみつつある現状を認識し，
生物多様性の保全，それらの持続可能な利用，そ
して利用の果実である富の公平公正な分配を謳っ
ている．締約国であるわが国は，1995年生物多様
性国家戦略を閣議決定し，全国規模，大規模生態
系のレベル，ならびに地域のレベルで生物多様性
の保全回復計画を推進中である．その地域方策の
モデルの一つとして，流域をベースとした保全回
復計画が，これも鶴見川の流域において，策定さ
れている[9]．
　生物多様性の保全計画が流域というランドスケ
ープに注目する第1の理由は，生物多様性概念の
基本そのものに起因するといってよい．生物多様
性（biodiversity）は，しばしば生物の種類数の多
様性と誤解されるが，本来の概念は，遺伝的変異
をふくむ生物の多様性と，その生息場所の多様性
を総合したものである．生息場所は，ハビタット，
ビオトープ，ランドスケープ，生態系等と，さま
ざまに表現される．要するところ，保全回復され
るべき自然は，たんに生物の個々の種なのではな
く，そもそも大地の多様な地形・ランドスケー
プ・生態系であり，それらの保全とともに，生物
種の多様さの保全・回復が図られるべきというの
が，原理である．この原則からいえば，生物多様
性の保全回復計画は，行政区画よりは，自然ラン
ドスケープの階層配置に沿って検討されるのが適
切であろうということになろう．その際の，基本
ランドスケープとして，それ自体がまとまりのよ
い生態系の入れ子構造をもち，大地の階層的な把
握を容易にする流域を選定するのは，きわめて自
然な選択といえるだろう．
　モデル計画地域とされた鶴見川の流域は，すで
に85％が市街化され，人口184万人を超える過密
都市流域である．モデル計画はこの流域を支流な
らびに上・中・下流に対応する亜流域群にわけ，
亜流域ごとに源流域の小流域群を中心として地形

114

図 7.4　生物多様性拠点の流域配置
鶴見川流域における本・支流源流部の小流域の自
然状態を基礎に設定された，生物多様性拠点の例
示．文献9)から許可を得て引用．

を重視した保全回復拠点を絞り（図 7.4），また流
域に 3000 を超える規模で配置されている洪水調
整地等の貯留施設のうちの可能なものの多自然化
や，学校校庭を利用した人工的なビオトープのネ
ットワーク形成などを提言している．

　生物多様性の保全にあたって，行政区画ではな
く，流域をはじめとする自然的なランドスケープ
を計画領域とさだめる方式は，欧米においても注
目されており，たとえば国際的な環境シンクタン
クとして有名な世界資源研究所（WRI）は，bio-
regional アプローチの名称で，これを強く推奨し
ている．自然ランドスケープの選択にあたって，
流域の優先度がきわめて高いことも，国際的なト
レンドといってよいと思われる*4．

（3）　地域政策統合の枠組みとしての流域

　流域への期待には，河川管理や生物多様性の保
全回復の領域を越え，さらに広い視野からの大き
なビジョンの系譜があることも，よく知られてい
る．1977年に策定された第三次全国総合開発計
画10)は，生活圏の枠組みとして，通常の行政区画
を越えた流域圏の枠を提案し，注目された．この
構想は1980年代における第四次全国総合開発計
画に大きく引き継がれることはなかったが，1995
年に策定された新しい全国総合開発計画11)にお
いて，「流域圏における施策の総合化」として，き
わめて実務的なかたちで，再提示されることとな
った．これは，国土の保全管理に係わる広域的・複
層的な諸課題の解決のために，「自然の系である水
系と，集落等により構成される〈流域圏〉を基本

単位とし，諸問題に対する横断的な調整，連携を
行うための協議会等の組織化について検討し，そ
の具体化をはかる」とする，具体的な提案であり，
水循環，資源管理，防災，保全等にかかわる流域
ベースの総合計画の提案ともいうべきものであろ
う．

　総合治水計画の発展として先に紹介した，鶴見
川流域における〈水マスタープラン〉の試みは，
治水・河川環境計画をベースとしつつ，生物多様
性保全モデル地域計画を組み込み，防災計画や都
市マスタープランとの連携を強め，やがて都市流
域における，流域圏構想の地域的な具体化につな
がる可能性をもつ展開ということもできるであろ
う．

（4）　都市計画のベースマップとしての流域配
置図

　流域は，行政区画に基づく都市計画の枠組みの
もとでも，活用されはじめている．たとえば行政
区画の地図に，低次（1〜2次）の川に対応する小
流域の配置図を重ねると，行政区域が，自然ラン
ドスケープの階層構造として近似的に把握される
ようになる．個々の小流域は，それぞれ水循環の
小さな基礎単位であり，生態系のまとまりであ
り，自然の地図の領域であり，適切な評価を工夫
すれば，単位ごとに，また単位の連なりごとに，
安全・資源・自然・防災等の現状やポテンシャル
を評価することができるだろう．自然ランドスケ
ープや水循環に則したそのような評価に基づい
て，土地の利用や，整備の方向を検討することは，
自然と共存しつつ，安全で，アメニティにみちた
都市を計画するうえで，大きなサポートとなる可
能性がある．以下に紹介する東京都町田市におけ
るエコプランの試みはそのような事例の一つであ
ろう．

　都市計画マスタープランの策定にあたり，町田
市は，「緑の基本計画」，および「まちだエコプラ
ン」12)の策定（1998〜1999）を平行して実施した．
緑の基本計画は保全すべき緑の量や配置の基本方
針を定めるものであり，エコプランはその基礎と
して，町田市域の自然，生物多様性のポテンシャ
ルとその配置を明確にするための，生態系調査と

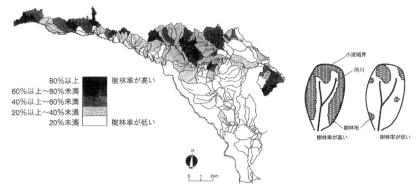

図 7.5　小流域区分を基礎とした地域自然の評価法
東京都町田市は，市域を 142 の小流域に区分し，小流域ごとに自然の評価を行い，保全回復計画の資料とした．
文献[12] から許可を得て転写．

位置づけられている．その調査にあたりエコプランンは，1〜2 次の規模の小流域を単位として全市域を流域区分し，それぞれの小流域ごとに自然の状況を評価するとともに（図7.5），これを基礎に保全の観点から重視されるべき拠点的な小流域や地域ベルト，回復の観点から重視されるべき小流域や地域ベルトなどを抽出し，緑の基本計画に反映させる方法をとった．計画の枠組み自体は通常の行政区画であるが，小流域単位の環境評価を試みたことにより，保全・回復の単位やベルトの設定の自然構造に即した適切化が期待されると同時に，行政区画を越えた広域的な流域あるいは丘陵ランドスケープの自然配置とも整合性の高い指針を得ることが可能となっている．

7.4　流域文化をめざす市民活動

流域への注目は，行政計画の領域を越えて，市民活動，とくに河川関連の活動の分野にも大きく広がっている．河川の保全・回復・活用をテーマとする市民活動は，1990 年代に入って，欧米でも，また日本でも盛況をみせている[1,13]．その盛況のなかで，河川への限定的な関心から，流域全域へと，市民活動の関心の領域が拡大する傾向にあることも東西共通の状況と思われる．これらの動向が，とくに河川管理の領域における，流域思考の拡大

とも対応していることは，指摘するまでもないことであろう．しかも，市民の河川・流域活動は，河川管理や，環境保全の行政的な課題や，実務的な関心を越えて，文化的な次元を深めつつあると思われる．流域文化からさらに流域社会というようなテーマが市民的な論議の俎上にのる光景も，もはや奇異なものではなくなりはじめているのではないだろうか．「流域地図を共有し，安全・安らぎ・自然環境・福祉重視の川づくり，まちづくりを通して，自然と共存する持続可能な流域文化をめざす」ことを理念としてすでに 10 年を超す歴史をもつ鶴見川流域ネットワーキングは，そのような動向を体現する典型的な流域活動の一つである[14]．

水系や流域で連携する市民活動は，行政区分の地図に対応した行政領域ベースの市民活動とは一味異なる，流域ベース，ランドスケープベースのテーマ型の市民文化，さらには新しい地域文化の形成に向かう動向もみせていると思われる．流域圏における施策の統合にむけて流域水マスタープランのようなものが各地で試みられるようになり，また流域協議会のような仕組みが具体的に検討されはじめれば，市民活動の領域における流域文化志向も，さらに鮮明になってゆくものと思われる．

7.5 生態文化複合育成の揺籃

本章の締めくくりとして，流域への期待には文明史的な次元があるという考えを表明しておきたい．流域に注目する各種の行政計画の推進や，流域文化を話題にする市民活動の展開は，大きな視野でみると，地球規模で環境の危機・回復の世紀を生きる私たちにとって，大きな希望のありかの一つとみることができると，筆者は考えているからである．

地球環境の危機は，拡大を続ける産業文明が資源・環境・自然の諸領域で，地球という惑星の制約に衝突しはじめていることに起因する．私たちの文明は，地球という惑星の制約のなかで，省資源・循環型の社会を確立し，安全・快適に暮らしうる環境を持続的に保持し，自然の賑わいとも共存する未来を切り開いてゆく定めのなかにあるといってよいだろう．そのような未来を開いてゆくための，最も重要な文化的・文明的な装置の一つは，資源・環境・自然にわたる地球制約のもとで，自然と共存する持続可能な未来を志向しうる地域文化，あるいは地域の生態と文化の複合（生態文化複合）の形成を促す，地域的な学習・創造コミュニティのようなものではないか[1,5,6]．地域的なランドスケープの協同的な把握を共有し，安全，安らぎ，自然環境重視の地域文化をめざす学習・創造プロセスが，行政区画の抽象的な空間把握に基づく地域文化と相補的に共存するかたちで，あらゆる地域に工夫されてゆくことは，自然と共存する持続可能な未来を開く決定的な文化要素の一つと思われるのである[5]．

水系に沿って流域の地図を共有し，地域を，都市を，国土を，流域に発する階層的なランドスケープの配置のなかで，つまり〈自然の住所〉配置のなかで把握しなおしつつ，その配置が示唆する地球制約のもとで，安全や，環境や，都市の整備を共同の話題としてゆくことのできる市民・行政を巻き込んだ流域ベースの学習コミュニティの形成は，とりわけ日本列島のような多雨の傾斜地域のもとでは，その基本形となるように思われるのである．流域は，そこに発する階層的な大地の広がりの地図のもとに，自然と共存する生態文化複合の共鳴する配置を日本列島にそだててゆく無数の揺籃となり，森の島を流域ごとに暮らしなおす国・日本への道を，開いてゆく力を秘めているように思うのである．　　　　　　〔岸　由二〕

*1 流域の英語表現は，river basin, catchment, watershed などの語が使用される．watershed は本来分水界を指す語だが，近年の米語では，ごく普通に流域の意味で使用され，使用圏を広げつつある．

*2 1998年以来，国の関連省庁は連絡会を組織して〈健全な水循環系〉構築に関する検討を進めている．この検討で，健全な水循環系とは，「流域を中心とした一連の流れの過程において，人間社会の営みと環境の保全に果たす水の機能が，適切なバランスの下に，ともに確保されている状態」と定義されている．

*3 水と物質の循環を軸とした流域生態系の研究事例としては，アメリカ合衆国ニューハンプシャー州，Hubbard Brook の小流域群における，1960年代後半以来の長期研究が有名である．http://www.hbrook.sr.unh.edu/ で概要と現状を知ることができる．

*4 流域に注目する米国の水環境アプローチのネット上の拠点サイト群は，たとえば環境保護庁（EPA）の surf your watershed(http://www.epa.gov/surf/)や，WRI の生物多様性サイトの一部（http://www.igc.org/wri/biodiv/bioregio.html）から容易に検索してゆくことができる．

*5 このような考え方を筆者は〈生態文化地域主義〉，流域を枠組みとする〈生態文化地域主義〉を〈流域思考の生態文化地域主義〉あるいはたんに〈流域思考〉とよぶことにしている．北米における生命地域主義（bioregionalism）と同形の思考である[4,5,14]．

文　献

1) 岸　由二（1997）：流域社会のビジョンについて，地域開発，1997年2月号，2-8.

2) 岸　由二（2000）：流域の計画と都市，都市計画，**223.**

3) 高橋　裕（1990）：河川工学，東京大学出版会.

4) 漆畑信昭（1991）：柿田川の自然，そしえて.

5) 岸　由二（1996）：自然へのまなざし，紀伊國屋書店.

6) 岸　由二（1999）：自然との共存を主題化する時代．新しい共生の空間（慶應義塾大学経済学部編），弘文堂，pp. 170-191.

7) 鶴見川流域総合治水対策協議会（1989）：鶴見川新流域整備計画.

8) リバーフロント整備センター（2002）：鶴見川とその流域の再生.

9) 国立公園協会（1998）：生物多様性保全モデル地域計画（鶴見川流域）.

10) 国土庁（1977）：第三次全国総合開発計画.

11) 国土庁（1998）：新・全国総合開発計画.

12) 町田市 (2000)：まちだエコプラン.
13) 国土庁水資源部 (1996)：水と緑の市民活動 事例集.
14) 鶴見川流域ネットワーキング(2001)：流域活動10年の歩み.

15) Routledge (1999)：Bioregionalism (McGinnis, M. V. ed.).

初出：木平勇吉編『流域環境の保全』朝倉書店、2002年、pp.70-77

あとがき

　本書を手にしてくださった皆様に、大感謝。「流域思考」の面白さ、可能性に、いささかでもご賛同いただけたら、さらに幸いだ。個々のエッセーは、その時代時代の課題も意識して書かれているので、全体的整合を気にされる読者には、読みにくさが、めだったかもしれない。時間的にも、テーマの上でも、それぞれに独自なエッセーの束。それを貫く流域思考の面白さを実感してくださった読者がおられれば、本当に感謝感激というしかないのである。

　あとがきで特に加えることはない。代わりに、僭越を承知で、読書案内を記させていただきたい。議論の全体的な整合を気にされる読者には、きっと、役に立つのではないかとも思うのである。

＊　＊　＊

・『「流域地図」のつくり方』2013　岸 由二　ちくまプリマー新書
　2024 年の第 7 刷りで一部記述がアップデートされている。中学校、高等学校、専門学校、大学、行政職員の研修などでテキスト利用もされてきた入門書。

・『生きのびるための流域思考』2021　岸 由二　ちくまプリマー新書
　鶴見川流域における総合治水、水マスタープランの歴史を紹介する図書だが、同時にその歴史から、「流域治水」にいたる河川行政の変遷を解説する著作ともなっているはず。申し訳ないことだが p.82 の 2 行目に誤植が残った。「河川法により」は「河川法によらず」の誤植。再販の機会に訂正したい。

・『「奇跡の自然」の守り方』2016　岸 由二・柳瀬博一　ちくまプリマー新書
　流域思考を駆使することで、都市計画への対案を提示して流域単位の保全を実現した「小網代の森」を題材として、流域思考を活用した保全の歴史、実践から、今後の課題まで紹介する。以上 3 冊で、流域思考 3 部作となっている。

・『Watersheds』2004　P.A. DeBarry　Wiley
　流域という地形、生態系について、基礎から防災への応用まで一冊でまなべるテキストとして推薦する。大著だが英語も平易なので、中途半端な専門書を多数購入するより、この一冊を百科事典のように頼りにするのが良いと思う。日本国で、流域にかかわる学術、行政に職業的に特化するのでなければ、これ一冊で基本は十分かもしれない。

【解　題】

1.　流域思考　生命圏再適応のための地図戦略

　環境思想としての流域思考の基本は、本文の簡単表現で尽くされていると思っている。流域思考は、人類が延々重ねてきてしまった、生命圏＝地球の文明的な測り間違いを正してゆく実践的な環境哲学として、成長してゆくべきジャンルでもある。

2.　ランドスケープをベースにした流域単位のまちづくりへ　Interview

　インタビューのふりをした、書下ろしである。学生時代から 2001 年にいたる、流域思考にかけた私の凸凹道を記したものだ。成功あり、失敗あり、さまざまな妨害あり。わたしにとって、とりわけ感慨深い、エッセーとなった。

3.　市民活動が守る流域の生物多様性

　1996 年、環境庁（のちに省）は、生物多様性国家戦略推進における地域戦略の基本方式として、流域アプローチを採用。実験地として鶴見川流域を選定し、生物多様性モデル地域計画（鶴見川流域）を発進した。しかし、その最終年にあたる 2001 年、環境省は、流域の自治体、国交省京浜河川事務所、市民団体に、突如、同計画の破棄を通告し、翌年からの同省の地域戦略は「里山」一色となった経緯がある。ここに収録した小文は、モデル地域計画発進時、環境庁の依頼で同庁の雑誌に掲載された、幸せな報告文である。

4. 総合治水対策から流域治水へ・鶴見川からの発信

2020 年に国交省が発進した「流域治水」は、1980 年から鶴見川流域で実施されてきた総合治水対策とまったく同じ構造の治水方策である。一般の学識者や関係省庁の職員からは、ほとんど正直にかたられることのなかったその歴史を振り返り、歴史を正す機会を、雑誌、『現代思想』（2023 年 11 月号）が提供してくださった。心からの感謝を申し上げる。

5. 足もとの自然に「生きものの賑わい」を求めて　地球人への自由時間

進化生態学を専攻する私は、地球親和的な日々を幸せに生きることのできる「地球人」はどのように育つのかという問題に、ずっと没頭してきた。関連して、大学教員として授業でも模索をつづけていた「生態文化複合」という概念についても触れる機会を、余暇開発センター主催のシンポジウムが、提供してくれた。感慨深い講演記録。

6. 都市の地球化と〈世代の緑地〉

2000 年にはいってしばらくの間、私は、千葉大学の公共研究のグループに参加して、さまざまな論議を経験した。バルセロナの国際都市計画の会議に参加できたことも楽しい思い出だ。そんな折の、感想を、都市の時間、空間、共存者の地球化という視点でまとめたエッセーだ。空間の地球化の鍵はもちろん流域。共存者の地球化の鍵としてこのエッセーで強調した、未来世代のためのエコロジカルな埋葬というアイデアは、その後も進化を続け、今、私のもっとも注力したい課題の一つとなっている。この分野では、実は、現実の功利的な工夫が私の提案を俊足で追い抜いており、もはや伴走するのも息がきれそうだ。当時の私は、どん

なに簡便でも墓石を離れずに未来埋葬を考え、現実に大きな土地区画整理事業において実行可能直前まですすんだこともあるのだが、いま私の周囲の都市域では、数坪の用地で数百人規模の「樹木葬という名の共同埋葬」をもって事業とする寺院が続出している。この方向を、環境、福祉、教育を推進する NPO、行政の公共的な資金確保のための埋葬として拡大実現してゆける道を探る。それが今の私の大きな関心事だ。そのような地域共同埋葬の文化、事業構造を流域ごとにつくりあげて、そこから発生する持続可能なキャッシュフローを手掛かりにして生態学的なセーフティーネットのある地域社会を構築してゆけたら、流域思考も本望と思っている。

7. 環境危機と地図の革命・革命の地図

　流域思考の哲学的、実践的なコアに、地図の問題がある。形式的な地図ではなく、配慮の対象、愛着の対象、そこで地球人が生命圏につながる「地図」の問題である。これに関する、文明的な考察、人間の進化生態学的な考察への入り口をどのように切り開いてゆくか。模索のエッセーである。

8. 流域の計画と都市

　1992 年 Rio の地球サミットをうけて、日本の自治体各地で、自治体アジェンダの検討がはじまった。サミットで提示された、アジェンダ 21 の自治体版だ。私は、その検討において、地域、環境問題を行政区だけであつかうのではなく、「流域」の枠組みも活用して 2 刀流で進める可能性を、鶴見川流域総合治水の実践を参考として長く主張してきた。各地から声もかかって、北海道、宮城、三重等々、講演の巡業にでたこともあっ

た。結局この動きは、以後、ほとんど消滅し、どの自治体も従来通りの行政区アジェンダに回帰した。ここに収録した雑誌『都市計画』に収録された論文は、日本都市計画学会に流域アジェンダ論議がまだ生き生きしていたおりの記念碑のようなものである。2020年の流域治水の提言をうけて、改めて流域思考の都市計画が大きな話題になってよいタイミングなのかもしれないと思う。

9. 流域圏・都市再生へのシナリオ

　2002年から4年にかけて、内閣府の主導により、自然共生型流域圏・都市再生技術研究というプロジェクトが推進された。その戦略会議で私も事務局側の戦略担当委員の一人をつとめ、様々な議論に参与させていただいた。その成果の一つに、『流域圏プラニングの時代』（石川幹子・岸由二・吉川勝秀編）という著作がある。その著書に私は2本の論文を寄稿したが、その一つ、ランドスケープにそって、都市を計画する方法を論じた論文をここに採録した。流域を基礎に、都市を計画し、グリーンベルトを構想する、未来の首都圏計画を視野に入れた提言だった。生態文化複合、地域学習コミュニティー形成の重要性を強調できたのも、幸いだった。

10. 流域とは何か

　技術論にとどまらず、そもそも市民活動推進のための思考のツール、哲学として流域思考を推進していた私が、国の関連施策の領域に初めて参加できたのは、1990年代初頭。国土庁長官官房水資源部主催の、全国流域活動調査のワーキングの座長に指名され、当時まだ本当に未熟だった全国の流域活動調査（『水と緑の市民活動・事例集』2006年）をまと

めた折だった。その折の交流が縁となり、2000 年に入って流域に関する
経験者・学識者の共同研究に参加することとなり、その成果をまとめる
にあたって原論を整理するのが私の仕事になった。当時までに私が経験
した事例を軸に、流域思考のビジョン、哲学まで欲張った論文を書き上げ、
研究成果である『流域環境の保全』（木平勇吉編、 朝倉書店、2002 年）
に収録された。自然科学の作法にならって、あまりに圧縮しすぎた結果、
まことに読みにくい論文になっているが、流域概念の多元的な有効性を
取りまとめた論文は，私自身、まだほかで出会ったことがない。未熟を
承知でここに採録しておく。

著者紹介

岸　由二（きし　ゆうじ）

慶應義塾大学名誉教授。理学博士。1947 年生まれ。1966 年横浜市立大学生物科卒業。1976 年東京都立大学理学研究科博士課程単位取得退学。同年、慶應義塾大学生物学教室助手、1981 年助教授、1991 年教授を経て、2013 年定年退職。進化生態学を専攻するとともに、鶴見川流域・三浦半島小網代等を持ち場として、〈流域思考〉にもとづく防災・多自然都市創出のための理論ならびに実践活動を推進中。

著書に『いのちあつまれ小網代』、『リバーネーム』、『自然へのまなざし』、『流域圏プランニングの時代』（共編著）、『奇跡の自然』、『流域地図の作り方』、『環境を知るとはどういうことか』（共著）、『奇跡の自然の守りかた』（共著）、『利己的遺伝子の小革命』、『生きのびるための流域思考』、訳書に『利己的な遺伝子』（ドーキンス：共訳）、『人間の本性について』（ウィルソン）、『進化生物学』（フツイマ：監訳）、『足元の自然からはじめよう』（ソベル）、『創造』（ウィルソン）、『自然という幻想』（エンマ・マリス：共訳）など。

国土交通省河川分科会委員、鶴見川流域水委員会委員ほか、国・自治体の各種行政委員を歴任。NPO 法人 鶴見川流域ネットワーキング代表理事、NPO 法人 鶴見川源流ネットワーク理事長、NPO 法人 小網代野外活動調整会議代表理事。